과학은
흐른다

그린이 **신영희**는 회화를 공부했고 인형과 아이, 순정만화를 좋아합니다. 글쓴이 **정혜용**은 철학을 공부했고 민속과 여행에 관심이 많습니다. 두 사람은 '우리만화연대' 회원으로 만나서 1995년부터 「무적의 동창생들」(여자와닷컴), 「연두네 집」(녹색소비자연대 소식지) 등 여러 만화를 인쇄물과 웹진에 함께 연재했습니다. 1999년 과학문화 포털사이트 '사이언스올'에 「만화로 보는 과학문명사」를 연재하기 시작하여 2004년 『과학은 흐른다』라는 이름으로 처음 책을 펴냈습니다.

감수자 **박성래** 선생님은 서울대 물리학과를 졸업하고 미국 캔자스대학 사학과에서 석사를, 미국 하와이대학에서 역사학 박사 학위를 받았습니다. 한국과학사학회 회장, 문화재 전문위원, 국사편찬위원회 위원, 중앙교육위원회 심의위원, 한국외국어대 명예교수로 있습니다. 『한국인의 과학 정신』『민족 과학의 뿌리를 찾아서』『한국사에도 과학이 있는가』『이야기 과학사』『재미있는 과학 이야기』 등의 책을 지었습니다.

2010년 4월 30일 초판 1쇄 펴냄
2013년 3월 29일 초판 2쇄 펴냄

그린이 신영희
글 정혜용
감수 박성래

펴낸곳 부키(주)
펴낸이 박윤우
등록일 2012년 9월 27일
등록번호 제312-2012-000045호
주소 120-836 서울 서대문구 신촌로3길 15 산성빌딩 6층
전화 02) 325-0846
팩스 02) 3141-4066
홈페이지 www.bookie.co.kr
이메일 webmaster@bookie.co.kr
ISBN CODE 978-89-6051-074-6 64400
          978-89-6051-072-2 (전5권)

New 과학은 흐른다

만화 신영희 | 글 정혜용 | 감수 박성래

헬레니즘～이슬람 2

부·키

추천의 글

흔히 과학 기술은 어렵고 이해하기 힘들다고 생각하여 다가가기 꺼려하는 경우가 많다. 이런 편견을 없애고 일반인들이 과학 기술에 친근하게 다가갈 수 있도록 그동안 다양한 노력들이 시도되어 왔다. 과학 기술을 활용한 연극을 만든다거나 과학을 소재로 컴퓨터 게임을 개발하여 놀이로 접하는 것 등은 최근에 과학 대중화 사업에서 많이 활용하는 방식 가운데 하나이다. 과학을 소재로 흥미로운 이야기를 만들어 내는 과학 스토리텔링 작업과 과학을 알기 쉽게 그림으로 소개하는 과학의 시각화 역시 대중과 효과적으로 소통하는 좋은 방편이다.

내가 초등 교육을 받기 전에 우리 가족은 어려운 살림살이에 좀 보탬이 될까 싶어 조그마한 만화방을 운영한 적이 있다. 물론 1년도 안 되어 경영난으로 문을 닫긴 했지만 내게는 엄청나게 행복한 시절이었다. 하루 종일 방 안에 처박혀 만화에 심취할 수 있었으니 말이다. 그 바람에 유치원 갈 형편이 되지 못했던 나는 만화를 보며 한글을 깨쳤다.

내가 어렸을 때 본 만화는 주로 일본책을 번역한 것이었다. 학교 선생님이나 부모님들이 염려하던 폭력적이고 선정적인 내용도 있었지만, 그 중에는 문학 작품을 요약한 것이나 과학 기술에 관련된 유익한 것도 많았다. 과학을 소재로 한 만화 가운데 나에게 가장 커다란 영향을 준 것은 아폴로 11호의 달 착륙을 전후해서 만들어진 한 만화책이었다. 아폴로 11호는 한국 시간으로 1969년 7월 16일 발사되어 21일 달에 착륙하고 이어 다시 지구로 돌아왔는데 그 모든 과정이 전 국민에게 생중계되었다. 이 방송은 당시 최고의 시청률을 기록하면서 과학 기술에 대한 국민적 관심을 불러일으키는 데 중요한 역할을 하였다.

달에 대한 관심이 높아지면서 천문우주를 소재로 한 만화책도 등장하였다. 나는 그런 만화책으로 우주에 대한 다양한 정보를 얻을 수 있었고, 학교 신문에 아폴로 달 착륙을 기념하는 특집기사를 실을 때 천문우주에 관한 글을 써서 선생님에게 칭찬을 받았던 기억도 난다. 만화책을 통해 얻은 정보로 학교에서 과학에 소양이 있는 어린이로 인정을 받았던 것이다.

어린 시절 과학에 흥미를 느낀 나는 대학에서 물리학을 전공하였고, 나중에는 인문학에 대한 관심과 결합되어 대학에서 과학사를 강의하게 되었다. 과학사를 전공하는 내가 만화로 된 과학사 책을 접하니 불현듯 만화책으로 과학을 배우던 어린 시절이 생생하게 떠오른다.

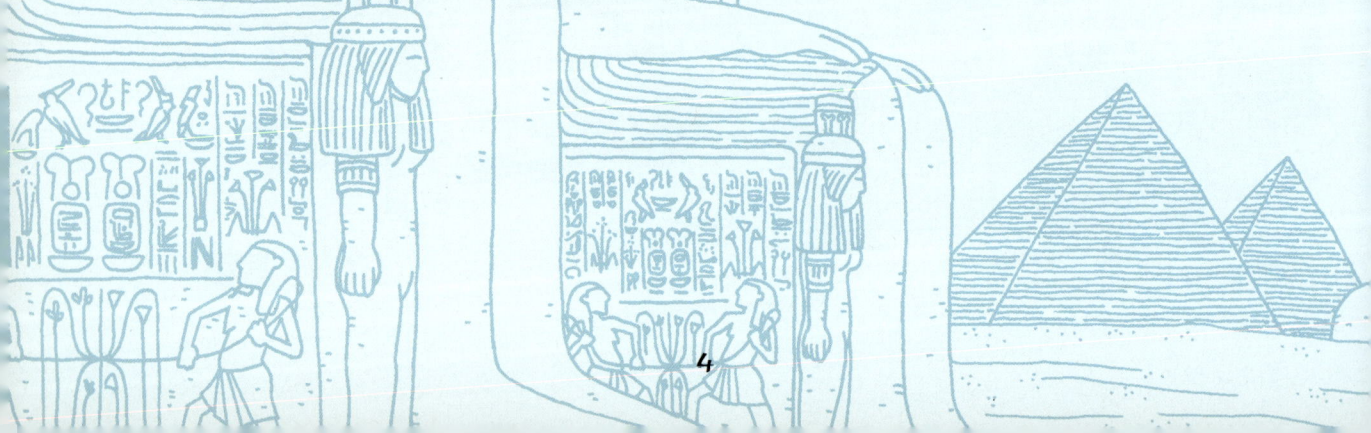

만화로 과학을 설명하면 내용이 빈약할 수 있다는 선입관을 가질 수도 있을 터이다. 하지만 제대로 기획된 만화라면 이런 우려를 상당 부분 잠재울 수 있다. 외국에서는 이미 난해한 아인슈타인의 상대성이론을 만화로 소개하는 책이 나와서 커다란 반향을 일으킨 적도 있으니 말이다. 『New 과학은 흐른다』가 소개하는 내용도 웬만한 과학사 개론서에 견주어도 손색이 없다. 이집트, 메소포타미아, 마야, 아스텍, 잉카, 그리스, 인도 등에 관한 고대 과학 기술사는 오히려 개론서 수준을 뛰어넘고 있다. 나도 과학사 개론 시간에 이렇게 자세히 고대 과학사를 다루지는 못한다.

이 책의 또 다른 장점은 과학뿐만 아니라 각 시대의 배경과 역사적 사실, 심지어는 철학적인 내용도 흥미롭게 다루고 있다는 점이다. 인문학을 전공한 사람들이 과학사 만화에 참여한 것이 장점으로 작용한 좋은 예라 할 수 있다. 과학사의 구체적인 내용도 오랜 세월 기본으로 자리 잡은 서양의 과학사 책을 참고했기 때문에 역사적 사실을 별다른 왜곡 없이 잘 소화하였다. 물론 만화라는 특성상 주로 일화가 강조되었기에 부분적으로 역사를 단순화한 측면이 있기는 하지만 이것이 과학사의 전체 흐름을 왜곡하고 있지는 않다.

만화를 보며 과학에 흥미를 느끼고 그것을 계기로 자연스레 과학을 전공하게 된 내가 만화로 된 과학사를 접하니 그 기쁨이 더욱 크다. 문득 나에게 과학사를 배운 학생들이 이 만화를 읽어 보고 강의와 비교해 보는 것도 흥미로울 것 같다는 생각이 든다. 이 책으로 과학사의 기본 상식을 갖춘다면 본격적으로 과학사를 배우는 데 무척 도움을 받을 것이다. 무엇보다 이 책은 과학사를 접하기 힘든 수많은 사람들에게 과학의 흐름을 이해하는 좋은 길잡이가 될 것이다.

2010년 4월

임경순(포스텍 인문사회학부 교수)

감수의 글

그림은 내게 두 가지 놀라움이다.

나는 초등학교 때부터 미술 시간만 되면 주눅이 들었다. '그림'을 그려 무언가를 표현한다는 사실, 이것은 지금도 가끔 내게 놀라움으로 다가온다. 또 하나는 무언가를 설명하고자 할 때 '그림'을 이용하여 전달할 수 있다는 사실이 그것이다. 평생 강의를 하면서 살아온 내게 두 번째 사실은 특히나 요원한 것이었다.

강의를 하다 보면 자주 '이 내용은 그림을 그려 설명하면 좋을 텐데…' 하고 아쉬움을 느낄 때가 많다. 그 아쉬움이 더할수록 그림을 못 그리는 것에 대한 안타까움은 커져만 갔다. 그런데 그저 시시하기 그지없는 그림이려니 생각했던 만화가 이렇게 훌륭한 교육 수단이 될 수 있다는 사실을 발견하고 더욱 놀랐다. 시대가 변하면서 만화가 점점 더 다양한 분야에서 효과적인 정보 전달 수단으로 각광받고 있다는 것을 실감한다.

이번에 『New 과학은 흐른다』를 추천하지 않을 수 없는 배경에는 이런 개인적인 감정이 밑에 깔려 있음을 고백하지 않을 수 없다.

평생을 과학사를 공부하고 가르쳐 왔지만 사실 만화로 과학사를 설명할 수 있다고는 거의 생각해 본 적이 없다. 그런데 『New 과학은 흐른다』는 방대한 과학사를 간결하고 단순한 그림으로 설명하고 있어 오히려 더 설득력 있게 다가온다.

그러면서 나는 생각한다. 21세기로 접어든 지금, 과학 기술은 더욱 맹렬한 기세로 세상을 바꿔 가고 있다. 이런 세상을 제대로 이해하기 위해서는 지식인은 모름지기 역사를 알아야 한다고 믿는다. 그 가운데서도 특히 과학 기술의 역사를 조금은 익혀 둬야 최근 몇 세기 동안 벌어진 세계사를 이해하기 쉽고, 또 앞으로의 놀라운 변화를 예측하고 적응해 갈 수 있다.

특히 한국은 근대 과학 기술의 본고장이 아니다. 우리가 역사를 어떤 식으로 해석해 보아도 근대 과학 기술은 유럽에서 시작하여 전 세계로 퍼져 나갔다는 사실을 부정할 수는 없다. 이 때문에 과학 기술을 먼저 발달시킨 서양이 세계 문명을 압도하여 세상을 그들의 지배 아래 놓아 버렸음도 우리는 인정하지 않을 수 없다. 그렇게 시작된 서양 중심의 세계화는 이제 그 꼭짓점을 지나 또 다른 세상으로 접어들기 시작하는 듯하다.

　　세계사의 이런 변화의 길목에서 한국이 앞선 나라 사이에 자리 잡아 나아갈 수 있으려면 과학 기술의 발전에 부지런해야 한다. 그러기 위해서는 원래 서양 것이던 과학 기술을 우리에게 친근한 문화로 만들려는 노력이 필요하다. 나는 오래전 '민족 과학'이란 표현을 만들어 쓴 적이 있는데 그 이유도 바로 이런 바람에서 비롯된 것이었다.

　　이번에 부키가 내는 『New 과학은 흐른다』도 그런 나의 노력의 한 갈래가 아닐까 싶다. 누구나 세계의 과학 기술사를 조금은 알게 되는 것, 그것이 개인의 발전에만 도움되는 일이 아니라 결국은 국가의 과학 기술력을 높이는 밑거름이 되기 때문이다. 이를 바탕으로 앞으로 더 복잡한 현대의 과학 기술사도 소개하는 만화가 계속 나오기를 바란다. 더불어 동아시아와 한국의 과학사를 만화로 소개하는 책도 나올 수 있다면 얼마나 좋을까 하는 생각을 해 본다.

2010년 4월
박성래(한국외국어대학교 사학과 명예교수)

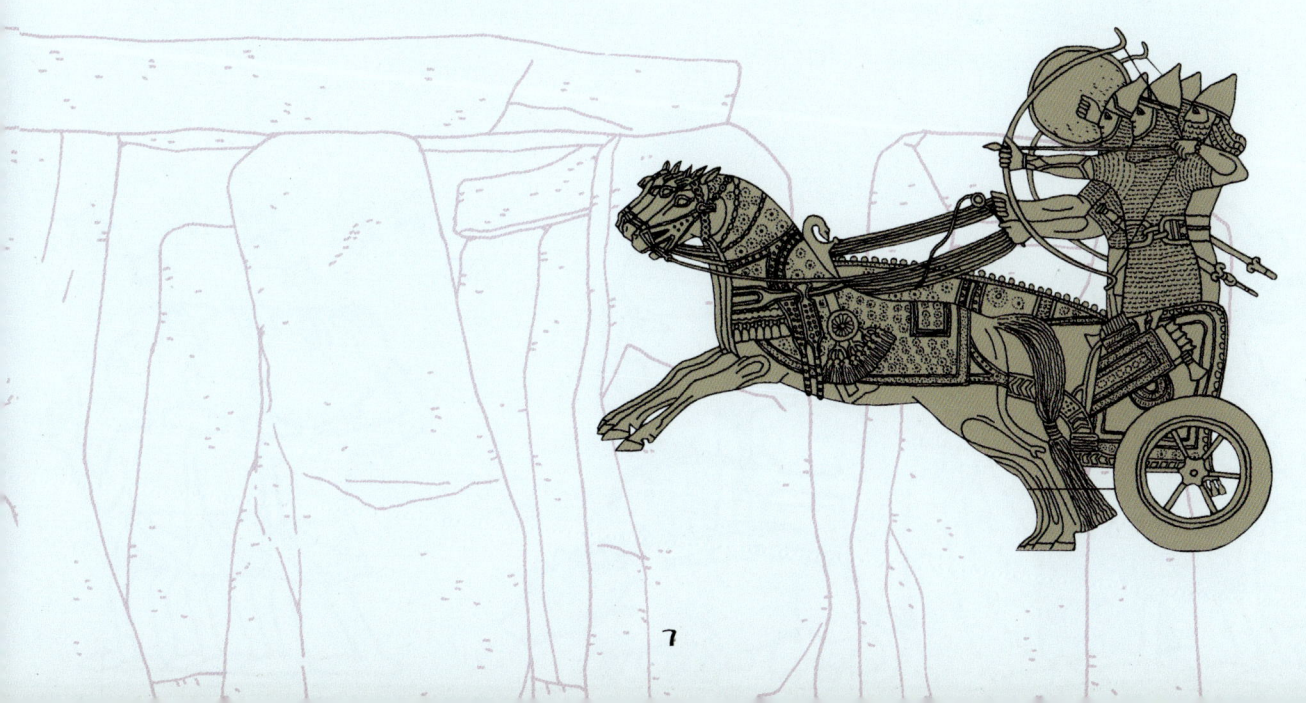

책을 펴내며

사는 건 예나 지금이나 퍽 힘든 일입니다. 사람들은 모두 배곯지 않게 먹을 것이나 따뜻이 입을 것을 구해야 했고, 고단한 몸을 누일 공간을 마련해야 했습니다. 이런 일은 하루 종일 부지런히 일하거나 돌아다녀도 쉬이 끝나지 않을 때가 많았을 겁니다. 그런 힘든 삶 속에서도 당장의 먹을 것과 입을 것을 구하는 것에 만족하지 않고, 좀 더 행복한 내일을 위해 지식을 가다듬으며 마주친 모든 삶의 조건과 싸워온 결과 우리 손에 남겨진 것이 지식과 예술일 겁니다.

이 같은 생각을 하며 들여다보는 지식의 역사에선 땀 냄새가 납니다. 꿈을 꾸고 그것을 이루기 위해 뛰어다녔을 사람들의 가쁜 숨소리가 들리는 것 같습니다. 성공하여 아름다운 이름을 역사에 남긴 사람이건 시간의 물결에 휩쓸려 가뭇없이 사라진 무명자이건 그들은 진지하게 삶을 변화시키기 위해 노력했고, 대단히 혁신적이었을 발견과 발상을 통해 좀 더 희망적인 미래를 이끌어 낸 사람들입니다.

이 책을 만든 작가들은 과학자들의 이런 도전에 감동하고 매혹당해서 과학이 오랜 세월 해왔으며 지금도 하고 있는 기나긴 싸움을 만화로 형상화해 보기로 마음먹었습니다. 만화를 통해 '과학의 역사'라는 흥미로운 분야를 친근하고 생생하며 폭넓게 표현해 보여 주는 것, 과학사에 관심을 가진 많은 사람에게 작가들과 같은 과학의 매력을 느끼도록 하는 것, 참 신나는 기획이었습니다.

알면 아는 만큼 생생하게 되살아나서 자기 얘기를 해대는 과학자들과 어우러져 노는 것도 재미있었습니다. 그러나 아무리 의욕적이었더라도 이 작업은 '과학의 역사'가 위대하고 방대한 만큼 무척이나 어려웠습니다. 그 넓고 깊은 지식을 다 끌어안기에는 우리의 역량이 많이 부족했기에 내용을 이해하지 못하여 표류하거나 자료나 정보의 부족으로 방향을 잃곤 했습니다. 가끔은 중간에 그만두고 싶기도 했지요. 결국 출간에 긴 시간이 걸렸고 그 결과 『과학은 흐른다』가 부끄럽고 힘겹게 세상에 나왔습니다.

　그러고서 5년이 흘렀습니다. 5년 동안 작가들은 이 책 덕분에 울고 웃었습니다. 중고등학생에서 성인까지 독자를 대상으로 한 책이었지만 만화라는 매체의 특성상 어린이들도 많이 본다는 얘기에 당황하기도 했고, 따끔한 충고와 과분한 격려도 많이 들었습니다. 특히 독자들과 만날 때 느낀 감격은 정말 특별합니다. 이 책으로 외국의 만화 축제에 초대받아 참여하기도 했고, 외국어로 이 책을 읽은 독자들과 소통하는 것은 경이로웠습니다. 외국에서 만난 이슬람권 과학사 연구자가 이 책의 이슬람 과학사 부분에 대해 칭찬해 줄 때는 만국 보편의 언어인 만화의 힘에 새삼 놀라며 감격하기도 했습니다.

　지난 5년간 더 배우고 공부한 것을 바탕으로 틀린 곳을 고치고 약간의 내용을 보태어 『New 과학은 흐른다』를 내게 되었습니다. 우리는 이 책으로 다음 책을 이어 나갈 힘을 다시 얻을까 합니다. 이 책을 보는 모든 분께 큰 감사를 드립니다.

2010년 4월
정혜용·신영희

책을 재미있게 보려면

옛사람들과 같이 호흡해 보세요

우리가 지금 당연하게 알고 있는 자연 법칙이나 과학 공식들은 인류의 수많은 노력과 실수를 통해 발견되고 만들어진 것입니다. "어라? 이런 것도 몰랐어?"라고 웃어넘기기 전에 한 번쯤 그 시대의 사람이 되어 보세요. "아, 이때는 이런 방법을 썼구나! 머리 좋은데? 나 같으면 어떻게 풀었을까?" "으으…. 이걸 몇 년이나 붙잡고 있다니, 대단한 끈기다!" 아마 이렇게 공감하는 부분이 많아질 거예요. 이렇게 옛 시대 사람들과 같이 생각하고 느끼다 보면 어느새 과학의 발전 단계가 피부로 느껴질 겁니다.

역사 속 인물과 친해져 보세요

아리스토텔레스, 프톨레마이오스, 레오나르도 다빈치…. 이런 유명한 사람들, 이름을 들어 보기는 했는데 왜 유명해진 걸까? 이런 사람들을 백과사전에서 찾아봅니다. 그런데 빽빽하기만 한 글자들, 무슨 소리인지 잘 이해하기 어려운 내용들로 머릿속이 더 복잡해지고 맙니다. 그럴 때 이 책을 펼쳐 보세요. 여기에 나오는 과학자들은 여러분과 친해지고 싶어 하거든요. 역사 속 인물들의 친절한 설명을 들으면 딱딱하기만 했던 'ㅇㅇ 법칙'이 재미있게 이해될 겁니다.

몰랐던 과학 속 이야기를 찾아보세요

중세에는 이발사가 외과 수술도 하고 심지어 해부까지 했다던데? 아라비아숫자가 사실은 인도에서 만들어진 거라며? 천 년도 훨씬 전에 이미 자동판매기를 만들었고, "유레카!"를 외치며 부력의 원리를 밝힌 아르키메데스는 지구를 들어 올릴 수 있는 방법도 생각한 괴짜 과학자였다던데….
과학사에 얽힌 이런 이야기들, 혹시 들어 보신 적 있으세요? 바로 이 안에 그런 과학사 이야기들이 실려 있답니다. 과학자들과 웃고 울 수 있는 이야기들을 찾다 보면 과학이 정말 친근하게 다가올 겁니다.

책을 알차게 보려면

문명별, 분야별로 살펴보세요

인종마다 다른 특징이 있듯이 문명도 자연환경이나 종교 등의 차이로 저마다 다릅니다. 같은 문명 안에서도 분야에 따라 발전의 차이가 있고요. 여기서는 고대 문명은 이렇게 문명별로 나눠서 특성을 구분해 놓았답니다. 고대가 지나면 과학이 좀 더 세분화되어 생물학, 물리학, 수학 등 분야별로 나눠지기 시작합니다. 이런 분야별 과학도 발달의 차이가 있어요. 이 책은 문명별, 분야별로 나눠서 특성과 차이를 설명하고 있습니다.

연표도 한 번씩 펼쳐 보세요

이 책을 보다가 갑자기 지금 읽는 부분이 인류 문명의 어느 단계인지 궁금해지신다면 한눈에 모든 단계를 볼 수 있는 연표를 펼쳐 보세요. 과학의 흐름과 인류의 역사를 같이 짚어 볼 수 있는 특별한 연표를 이 책 뒤에 만들어 놓았답니다. 인물로 찾아도 되고, 연도로 찾아도 되고, 사건으로 찾아도 되는 편리한 연표랍니다.

시대적 배경을 미리 보세요

메소포타미아 문명은 왜 점성술을 중시한 걸까? 르네상스 시대엔 왜 인본주의가 발달했을까? 책을 읽다 보면 문득 이런 의문들이 들 거예요. 그렇다면 검은 바탕 만화들을 찾아보세요. 메소포타미아 문명은 전쟁이 많아서 점성술이 발달했고, 르네상스 시대에는 왕의 권력이 교회보다 커지면서 인본주의가 발달했다는 이유가 나와 있을 거예요. 이렇게 검은 바탕의 만화에는 그 시대의 역사와 시대 상황들을 미리 알 수 있도록 짧게 요약해 놓았답니다. 시대에 대한 지식을 먼저 접하면 그 시대 과학이 훨씬 쉽게 다가옵니다.

New 과학은 흐른다 2
| 헬레니즘~이슬람 |

1

헬레니즘

휴머니즘과 과학이 만나다

헬레니즘

헬레니즘

헬레니즘은 그리스와 동방의 문명이 섞여서 태어났는데

알렉산더 대왕이 이집트에서 페르시아를 거쳐 중앙아시아까지 원정한 끝에 만들어졌다.

마케도니아

아테네

알렉산드리아

메소포타미아

바빌론

페르세폴리스

인도

이집트

아라비아

비록 알렉산더 대왕이 죽고 나서 왕국은 분열됐지만

내가 후계자야!

무슨 소리!

이미 섞여 버린 동양과 서양의 문화는 새로운 것을 만들어 냈다.

이젠 그대 없인 못 살아~~.

동방과의 교역이 늘어나자 제조업도 발달했으며

이건 중앙아시아에서 온 목걸이야.

대단한 기술인데! 이거, 나도 정신 바짝 차려야겠어!

상공업이 발달하면서 빈부의 차도 매우 벌어졌다.

역시 동쪽에서 수입한 비단이 최고야.

젠장! 점점 더 살기 힘들어지는군!

이론을 중시했던 연구 풍토는 실천과 응용을 중시하는
경험주의로 변화한다.

이젠 세계가
너무 넓어졌거든.

이론만으로
설명할 수 없는 일이
너무 많아졌다고!

이러한 학문적 풍토로 인해 17세기 이전의
과학사 중에서 가장 찬란하게 발달한다.

보통이지 뭐

....

거기엔 알렉산더와 같은 왕들이
과학을 지원했다는 점과

과학은 국력의
주춧돌이지!
팍팍 밀어줄게.

메소포타미아와 이집트의 과학이
그리스 과학과 섞이면서 새로운
자극을 주었기 때문이다.

우아! 엄청난 자극~

동방 문명

이런 경향에 따라 알렉산드리아에는
기술자 양성소가 생겼고

기술자를
교육시키는
곳이죠.

새로운 기술자들이 등장한다.

예전처럼 무턱대고
만드는 것이 아니라
이론을 아는 기술자들이었죠.

헬레니즘은 기원전 300년 무렵부터 기독교 시대 초기까지
이어졌으며, 로마가 세워진 뒤에도 사라지지 않았다.

헬레니즘 문명권

헬레니즘

지식을 종합하기 시작하다!

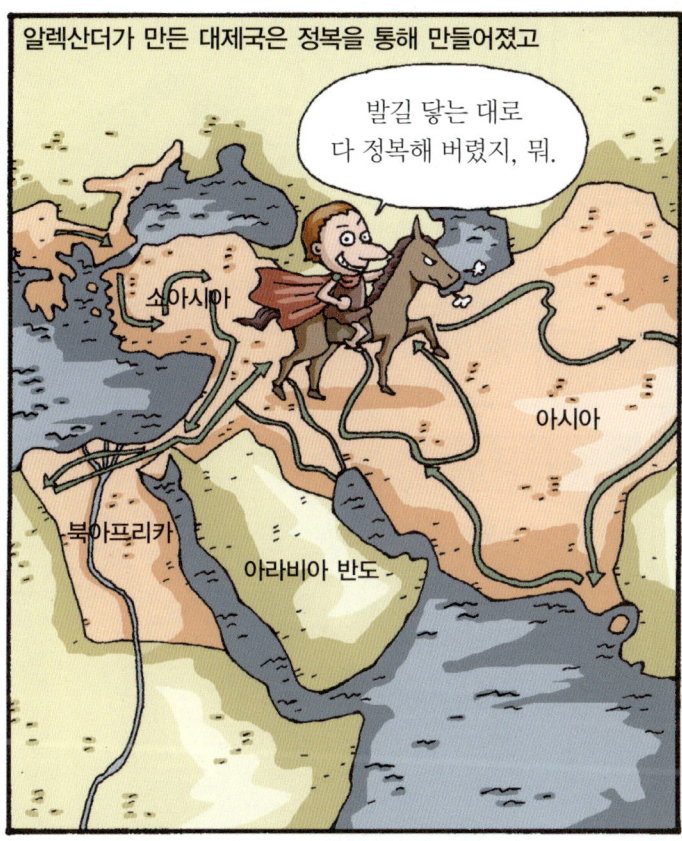

알렉산더가 만든 대제국은 정복을 통해 만들어졌고

발길 닿는 대로 다 정복해 버렸지, 뭐.

소아시아

아시아

북아프리카

아라비아 반도

힘에 의한 통일이었기 때문에

힘만 세 가지고

뿌드득

이잉, 밀지 마.

이래서는 서로 친해질 수가 없다고.

알렉산더 대왕이 젊은 나이로 세상을 떠나자

꼴까딱

곧바로 세 나라로 갈라졌다.

이만큼은 내 꺼!

마케도니아

바빌론

그럼 난 이쪽!

셀레우코스

안티고노스

금 넘어 오지 말기!

이집트

프톨레 마이오스

19

이 가운데 주목할 곳이 프톨레마이오스가 이집트에 세운 왕조인데

알렉산더 대왕의 이름을 따 알렉산드리아라는 항구 도시를 건설하고

알렉산더 대왕의 후계자임을 강조하기 위해서 지은 이름이야.

알렉산드리아

홍해

그곳에 무세이온이라는 박물관과 도서관을 세웠다.

무세이온은 일종의 학문 연구소로서

인간의 모든 지적 활동을 관장한다는 여신 뮤즈의 이름을 따서 지었죠.

왕의 돈으로 연구원들을 모아 후원해 주었다.

사뿐히 즈려 밟고 가, 응!

연구원들에게는 세 가지 의무가 있었다.

첫 번째는 지식을 보존하는 거죠. 구할 수 있는 책들은 모두 모아 보관했어요.

이곳에서 모은 자료들을 통해 동방과 그리스 학문이 만나게 되었다.

두 번째 임무는 지식을 늘리는 일이었죠.

100여 명의 실력 있는 학자들을 불러다 놓고

우르르-

20

따라서 학자들은 자유로운 환경에서 이론을 증명해 보이려고 애썼다.

무세이온은 국제 연구 기관으로 빠르게 자리 잡았고, 학자들은 어떤 식이든 무세이온과 얽혀 있었다.

스트라톤은 그중 첫 번째 학자로

무세이온이 과학적 성격을 갖는 데 커다란 영향을 준 학자다.

테오프라스토스의 제자였던 스트라톤은 리케이온을 이어받았는데

실험을 중시했으며, 아리스토텔레스와 데모크리토스의 이론을 절충했다.

그는 공기에 모양이 있다는 것과 진공이 물체 내부에서 인공적으로 만들어진다는 것을 실험으로 증명했다.

또 그는 물체가 떨어질 때 생기는 가속에 대해 처음으로 이야기한 사람이다.

무거운 게 빨리 떨어지기도 하지만

떨어지는 시간이 길수록 더 빨라지지요.

충격을 받은 공기가 소리를 전달한다는 아리스토텔레스의 학설을 더 발전시켜

공기가 없다면 전달이 안 될 테니

마치 건드리면 옆으로 퍼지는 파동 같지 않나요?

소리의 원리는 파동이라고 생각했다.

파동이라…? 나, 혹시 천재 아닐까?

스트라톤의 그리스 과학에 대한 이해와 실험은 헬레니즘 과학을 더욱 특색 있게 만들었다.

헬레니즘   그리스

에우클레이데스는 무세이온의 위대한 업적 가운데 하나인 그리스 기하학을 정리해 낸 사람이다.

영어로는 '유클리드'라고 부르지요.

에우클레이데스 (BC 330?~275?)

그가 어떻게 태어나고 죽었는지는 알려지지 않았는데

그래도 내가 쓴 책이 남아 있어서 다행이지 뭐예요.

플라톤 학파로서 그리스 수학을 연구했을 것이라 추측된다.

제가 플라톤 팬이걸랑요.

추상적인 걸 좋아해서리….

23

그는 일곱 종류의 책을 썼는데

광학과 음악은 플라톤이 쓴 것과 별다른 게 없고요.

볼 만한 것은 이 수학책이죠. 『기하학 원론』

기하학 원론

『기하학 원론』은 19세기까지 수학의 기본 교과서로 사용될 정도로 유명했다.

너 기하학 공부하는 구나?

응. 유클리드 공부해.

이 책은 모두 열세 권으로 그리스 시기에 이루어진 기하학을 정리한 것이다.

피타고라스의 정리

에우독소스의 비례론, 구분구적법 등….

에우클레이데스는 새로운 수학 명제를 발견하기보다는

뭐 빠뜨린 거 없지?

자료와 이론을 모아 논리적으로 정리하는 데 더 뛰어났다.

이건 말이 되는군.

이건 이쪽으로 쌓고….

점, 선, 면 등 가장 기본적인 용어를 정의했고

기초부터 튼튼!

기본적인 원리를 빈틈없이 증명함으로써

찔러 봐야 바늘 하나 안 들어가잖아!

이후의 수학 발전에 커다란 영향을 미쳤다.

논리

논리

수학

에우클레이데스의 기하학에 대한 자세는 프톨레마이오스 1세와의 일화에서도 잘 드러난다.

그래서 이 삼각형의 꼭짓점은….

마구 졸리는구나.

이보게. 기하학을 좀더 빠르게 배울 방법은 없겠나?

좀 바쁜데…

이 나라엔 두 종류의 길이 있지요. 하나는 평민들이 걷는 좀 울퉁불퉁한 길이고

다른 하나는 주로 귀족들이 걷는 매끈하게 닦인 길이지요.

응, 응. 그래서?

햐♪ 뭔가 방법이 있나 보다......

왕께선 길을 걸을 때 매끈한 길을 이용하실 수 있습니다. 그러나 기하학엔 그런 길이 없지요.

에잇! 그냥 안 된다고 할 것이지!

무세이온 시대가 낳은 기하학의 대가로 또 아폴로니오스가 있다.

아폴로니오스
(BC 262?~190?)

그도 에우클레이데스처럼 언제 태어나고 죽었는지 알 수 없다.

다른 숫자 계산에 바쁘다 보니

내가 태어난 해나 뭐, 그런 숫자엔 신경 못 썼지.

그도 에우클레이데스를 따라 용어의 정의나 논리적 증명을 먼저 했지만

히야, 멋지다! 나도!

논리

논리

에우클레이데스가 연구하지 않은 분야인 타원, 포물선, 쌍곡선 등의 곡선도 연구했다.

이 세 가지 곡선들은 원뿔을 비스듬히 자를 때 만들어지죠.

그중 '원뿔곡선' 이론은 헬레니즘 당시보다는 17세기 이후에 많이 쓰였다.

천체의 궤도가 원이 아니라 원뿔곡선이라는 사실이 알려지면서 부터입니다.

원뿔곡선보다 복잡한 곡선에 대한 연구로는 '주전원'에 대한 연구가 유명하다.

주전원

큰 원을 '유도원'이라 하고, 유도원의 둘레를 도는 작은 원을 '주전원'이라 하죠.

유도원

이건 태양과 행성의 불규칙 운동을 자와 컴퍼스만으로 해결하기 위해 생각해 낸 방법이지요.

만약 주전원의 회전 방향과 유도원의 회전 방향이 같다면 이런 곡선의 운행이 일어나고

주전원과 유도원의 회전 방향이 반대일 경우에는 이런 타원형의 곡선이 만들어집니다.

이 경우는 태양과 달의 운행을 설명할 수 있지요.

이 경우는 행성의 불규칙 운동을 설명할 수 있고요.

에우클레이데스 밑에서 교육을 받은 또 다른 유명한 학자로는 아르키메데스가 있다.

아르키메데스는 왕관 이야기가 유명한데….

아르키메데스
(BC 287?~212)

잠깐! 거기부터는 내가 얘기하는 게 좋겠어.

있잖아. 어느 날 히에론 왕이 날 급히 찾는다기에 허겁지겁 달려갔거든.

그랬더니 왕이 왕관을 앞에 놓고 생각하는 사람이 되어 있는 거야.

무슨 일로 부르셨습니까, 왕이여!

오! 아르키메데스, 잘 왔네.

실은 내가 이번에 왕관을 하나 새로 만들었거든.

그래서… 혹시 새 왕관 자랑하려고…?

아니, 아니, 그게 아니고…. 실은 왕관을 만들라고 금을 이만큼 주었는데 그 금을 다 넣지 않고 은을 섞어 만들었다는 얘기가 들려.

이만한 금덩이? 그럼 무게를 재 보면 되잖아요?

무게는 똑같아.

그럼, 다시 녹여 보면 되잖아요.

그런데… 이 왕관 너무 멋지게 만들지 않았나? 난 이거 부수지 않고 금이 얼마나 들었나 확인하고 싶은데, 어떻게 안 될까?

음….

부수지 않고 금의 양을 확인하는 방법이라….

음.

음.

음.

그래서 난 고민하기 시작했지.

음.

음.

밥 먹을 때도

목욕할 때도

음.

음.

응? 물이 너무 가득 차서

…넘치는군.

가만… 넘쳐?

그래, 바로 그거야!

발견했다, 발견했어! 유레카!

난 곧바로 왕에게 가서 왕관에 은이 섞였는지 증명해 보였어.

빨리! 물통하고 왕관만 한 금덩이 가져오세요.

이거면 되나? 옷 좀 입고 오지 않고…

왜 이렇게 서두르는 거야?

먼저 물통에 물을 가득 넣고 왕관을 넣으면

물이 이만큼 넘쳤죠?

자, 이만큼이 왕관을 넣어서 넘친 물이고요.

잘 들고 계세요~

그리고 이번엔 똑같은 물통에다 왕관과 무게가 같은 금덩이를 넣어 보면

이만큼의 물이 넘친 걸 알 수 있죠.

그리고 넘친 물을 서로 비교해 보면….

어라? 왕관에서 넘친 물이 더 많잖아?

그렇다면 왕관에 뭔가 다른 게 섞였다는 얘기가 되는 거죠.

이게 어찌 된 거지? 무게는 똑같은데 왜 넘치는 물의 양이 다른 거지? 응? 마술인가?

이건 '부력'의 원리라는 거죠.

제가 목욕하면서 번개같이 생각해 낸 건데요.

본론만 말하셔, 좀!

알았어요. 어떤 물체를 물에 넣으면 대개는 물이 넘치면서 가라앉거나 아니면 뜨게 되지요?

응.

가라앉는다

뜬다

이 물체가 가라앉거나 뜨도록 밀어내는 힘을 '부력'이라고 하는데요.

만약 물체의 무게가 부력보다 작으면 물 위에 뜨는 것이고

물체의 무게가 부력보다 크면 물이 넘치게 되죠.

이때의 부력을 물이 넘친 양과 비례하여 계산할 수 있죠.

이제 제가 어떻게 알아냈는지 눈치채셨겠지요? 무게가 같더라도 부력이 다르면 그건 뭔가 다른 게 섞였다는 얘기라니깐요.

으응, 그렇구나.

에잉~. 맘에 드는 왕관이었는데….

덕분에 좋은 거 하나 알았잖아요, 뭐. 아르키메데스의 부력의 원리!

가뿐히 또 하나 해결!

아르키메데스는 고향인 시라쿠사에서 말년을 지내면서 재미있는 일화를 많이 남겼다.

저 왕하고도 사연이 많다고.

한번은 내가 왕에게 지레의 원리에 대해 얘길 해 준 적이 있었는데….

음…. 지레가 그렇게 대단하단 말이야?

그럼요. 아무리 무거운 물건도 들어 올릴 수 있지요.

가령 왕께서 우주에 내가 발 디딜 장소만 마련해 주신다면 지구도 들어올릴 수 있다는 거죠.

자네, 허풍이 너무 심한 거 아냐?

허풍이 아니에요. 증명해 보이지요.

나왔다, 증명! 어떻게?

저 바다에 있는 배를 혼자서 해안까지 끌어 오지요!

그래? 해 봐!

아르키메데스를 열 받게 하려 너무 재밌어

이것 보세요.

뭐 하는 거예요?

….

29

어떻게 했어? 응? 가르쳐 줘.

몰라요!

에이~, 우리 사이에.

'겹도르래'를 썼어요.

겹… 뭐?

이런 원리로 무거운 것을 드는 거죠.

그리고 지레에 대해 좀 더 설명하자면

지렛대의 받침점은 들어 올리려는 물건이 무거울수록 가까운 곳에 놓고

가장 멀리 떨어진 곳에서 힘을 가해야 하죠. 무게와 거리는 서로 반비례하거든요.

진작 좀 가르쳐 주지!

그는 이러한 연구에 수학을 적용하여 실용적으로 쓸 수 있게 했다.

힘에 대한 연구죠. '역학' 이라고 해요.

지렛대나 도르래, 바퀴 등….

그가 만든 많은 기계 중 '아르키메데스의 나사'라고 불리는 양수기는 지금도 이집트에서 사용되고 있다.

또한 원주율을 3.14159265로 계산해 냈다.

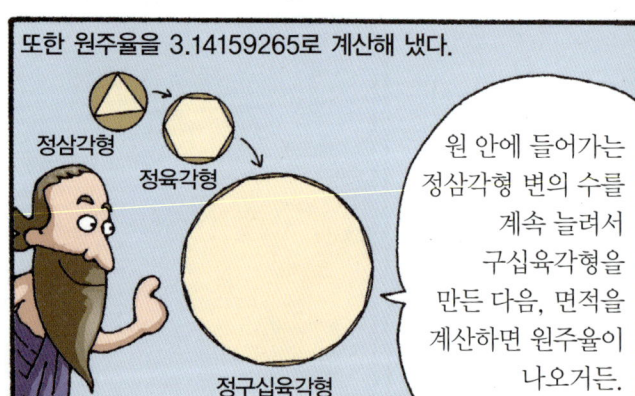

정삼각형

정육각형

정구십육각형

원 안에 들어가는 정삼각형 변의 수를 계속 늘려서 구십육각형을 만든 다음, 면적을 계산하면 원주율이 나오거든.

실제로는 3.14285714라고 하던데….

거의 정확하지?

그는 이런 계산을 하기 전에 미리 재 보았다고 한다.

어려운 계산을 하기 전에 직접 자로 한 번 재 보는 거야.

그럼 대충 답을 예측할 수 있거든.

문제 1
이 원의 원둘레는?
답 :

아르키메데스는 고향이 전쟁에 휩싸였을 때, 새로운 무기들을 발명했는데

이건 커다란 오목거울인데

햇빛을 모아 적진에 불을 지를 수가 있었지.

불이야

이때 투석기와 거중기도 만들었으나

웬 보도 듣도 못한 무기들이 ….

전쟁은 시라쿠사의 패배로 끝났다.

전쟁에서 이긴 로마의 사령관 마르켈루스가 아르키메데스를 죽이지 말라고 명령했는데도

알았지? 그분을 고이 모셔와!

저어… 명령을 못 듣고 간 병사들이 있는데요.

이봐! 내 도형에 가까이 오지 말게!

밟겠어

로마 병사들은 모래판에 도형을 그리며 연구에 몰두하고 있던 그를 죽이고 말았다.

밟지 말라니까—

아르키메데스의 묘비에는 그가 발견했던 가장 자랑할 만한 명제가 새겨졌다고 한다.

구의 부피는 그것에 외접하는 원기둥 부피의 $\frac{2}{3}$ 다.

아르키메데스

묘비까지도 학구적이지? 그럼, 또 보자고~!

그가 직접 실험을 했던 여러 이야기에서 알 수 있듯이

와~ 투석기 성능 좋고!

알렉산드리아 학자들은 매우 실용적이었다.

날이면 날마다 오는 게 아닙니다! 와서 구경들 합세!

그때 발명된 기계 장치들은 알렉산드리아의 여러 곳에서 실제로 쓰였던 것 같다.

요새는 최첨단 기계가 많이 나와서 참 편하단 말이야.

가장 유명한 것은 알렉산드리아 항구 입구에 있는 파로스 섬에 세워진 등대다.

기원전 280년 무렵 소스트라토스라는 사람이 세웠고요.

높이 120m가 넘는 거대한 건축물로서 헬레니즘 시대의 기술과 예술력을 모두 모아 놓은 작품이라고 하죠.

이 탑은 처음엔 화재를 감시하는 망루였는데 기원전 5세기 무렵부터 등대가 되었다고 해요.

14세기 이후 흔적도 없이 사라진 것을 옛날 동전에 새겨진 그림을 보고 복원한 모양입니다.

또한 기원전 2세기경 키루스의 건축가 안드로니쿠스가 아테네에 지은 '바람의 탑' 등이 이런 기계 장치들의 쓰임을 잘 설명해 준다.

나, 팔 아파. 교대 좀 해 줘….

바다의 신 트리톤 상이 움직이며 바람의 방향을 표시했죠.

건물 바깥엔 해시계가 있었고요….

건물 전체에는 복잡한 구조의 물시계가 있었다고 합니다.

그리고 이런 실용주의의 대표자인
크테시비오스가 있다.

크테시비오스
(?~?)

그는 아버지의 이발소에 움직일 수 있는
거울을 만들어 설치하는 등

아주 일상적인 것부터 전쟁 무기까지 다양한 발명품을
만들어 냈다.

청동 스프링으로 된 투석기

가장 유명한 발명품은 '물시계'로, 사람들은
그 아름다움에 마음을 빼앗겼다고 한다.

물시계 ←
(클렙시드라)

이것은 크테시비오스가 만든 또 다른 물시계에 대한
기록으로, 물시계의 원리를 살펴볼 수 있는 자료이다.

① 조절통으로
물이 흘러 들어가는 관.

④ 물이 차올라
높이 올라가면서
시간을 가리킨다.

⑤ 스스로 도는 원통.
수평선은 시간을,
수직선은 절기를
나타낸다.

조절통 →

② 큰 통에 일정한
양의 물이 들어가게
조절한다.

③ 큰 통 안에
물이 고이면서
떠오르기 시작한다.

큰 통 안에
물이 차면
물을 빼내는 밸브.

이 시계에서 가장 중요한 부분은 이곳으로 물이 일정하게 흘러 들어가게 조절하는 장치였지요.

이건 낮에만 쓸 수 있는 해시계와는 달리 하루 종일 사용할 수 있어서 무척 편리했답니다.

이제 땡땡이는 다 쳤다

그리고 또 물을 퍼 올리는 펌프도 있는데…

그거 어디 있더라

어이!

이보슈!

누구시더라?

댁이 '주행거리계'를 만들었다고 들었는데 그게 사실이유?

예. 이거지요. 바퀴가 구르면 돌구슬이 하나씩 그릇에 떨어져 모이지요.

음. 정말 내가 만든 거랑 비슷한 원리 구먼…

당신! 정말 맘에 들었어.

고맙습니다. 그런데… 누구시더라?

아참! 내 소개를 빼먹었구먼. 나는 비잔티움의 헤론이라는 사람이오.

당신보다 한 300년 후 활동할 사람인데 당신을 한 번 보고 싶어서 먼저 출연했지.

아, 예. 그렇습니까.

헤론
(BC 1세기경 활동)

나도 움직이는 자동 인형을 많이 만들었지. 한번 볼 테요?

그러죠.

안 보면 맞을 것 같아…

이건 기계로 움직이는 소형 극장인데 등장인물들을 추로 움직였지.

어린이 극장

이 추는 수수 씨가 들어 있는 그릇으로 균형을 맞춰 놓아서 수수 씨를 넣거나 빼내는 걸로 움직인다오.

오

그리고 이건…
촛불을 켜면
문이 열리는
성전 모형.

또 이건
자동으로 울리는
트럼펫….

그리고
이건 요술
항아리.

엥?

아저씨,
장난감 파는
사람이야?

아니야!
마술사야.
그렇지, 아저씨?

이-

이놈들!
저리 가서 놀아!

참아요

에-엥

ㅇㅇㅇ….
내가 장난감을 만들고
싶어 만드는
줄 아나?

애들이 하는 소리니
그냥 참으세요.

사실 기계역학이나 광학을
이론으로만 설명한다면
사람들이 이해하겠소?

그러니 이런
장난감들을 만들어
이론을 증명할 수밖에
없잖아.

그럼요.
그게 알렉
산드리아
기계학파의
전통인걸요.

자흥해요

게다가 실용적인
걸 더 많이
만들었잖아요.
군사용 장비는
안 만들었어요?

만들었지만
난 나중에도
출연하니까.

군사용 발사기에 대한
자세한 자료를 남긴
사람이 있으니 그
사람 걸 보여 주지.

호~.
친구인가요?

아니, 친구는 아니고. 당신보다
한 50년 늦게 태어난 사람인데,
필론이라고.

필론? 헤론?
헷갈리네요.

어이~!
필론 씨,
이리 좀 와 봐!

왜 부른다요?

생긴 것도
비슷하네?

35

당신 뒤를 이어 기계역학을 공부한 사람인데, 나한테도 많은 영향을 끼쳤지.

나 인사한다요.

필론
(BC 2세기경 활동)

이건 화살을 발사하는 장치다요.

이걸 쓰면 힘을 많이 들이지 않고도 화살을 쏠 수 있다요.

그리고 이건 화살이 연발로 발사되는 장친데 미래의 기관총 같은 거다요.

이 구부러진 자루가 한 바퀴씩 돌면서 새로운 화살이 장착된다요.

내가 만든 것들도 이와 비슷하지.

아주 놀랍군요!

이렇게 만나기도 쉽지 않은데…

그치? 그럼 우리 기계학파 동창회나 할까?

나 벌써 들어간다요?

그러지요. 그럼 우리는 그만 인사하고 들어가겠습니다.

들어가려니까 또 생각나네! 기억해 두쇼. 내가 만든 건 엄청난 발명품이었다는 사실을!

난?

난 또 나오게 될 테니 기억해 두는 게 좋을 거야!

알았으니 제발 좀 들어 가자고요.

난?

수학자이자 지리학자인 에라토스테네스는 키레네에서 태어났고

……

좀… 시끄러웠지!

에라토스테네스
(BC 273?~192?)

아카데미와 리케이온에서 공부한 뒤 기원전 244년경에 무세이온의 도서관장이 되었다.

이 시대 학자답게 나도 여러 학문을 접하고

과학 말고도 철학과 문학에 관한 책을 썼지.

문학

과학

수학자로서 그는 정육면체의 부피를 두 배로 만드는 문제를 풀었고

무조건 잡아 늘인다고 두 배가 되진 않는다고.

오늘날까지도 '에라토스테네스의 체'라고 알려진 방법을 고안했다.

소수를 편리하게 찾는 방법이지.

그는 지리학 분야에서 더 유명한데

수학 지식으로 지리학을 재정립했지.

먼저 세계 지도를 그리기 위해 측량을 했고….

인간의 거주 지역을 평면화하고 정확한 위치를 나타내기 위해 기준선들을 설정했어.

이 기준선들은 지브롤터 해협에서 동쪽으로 평행선을 잇지.

부ー욱

그리고 이 기준선을 중심으로 여러 여행자들에게 얻은 정보들로 다양한 위치의 선들을 그려 넣었는데

이것이 나중에 경도, 위도로 바뀌게 되지.

우리 집 지붕에 금 긋지 마!

이것이 에라토스테네스가 만든 세계 지도이다.

처음에 만들어진 경도와 위도는 간격이 일정하진 않았지.

경도와 위도를 같은 간격으로 그리기 시작한 것은 100년 뒤 히파르코스 때부터라고!

투레 섬 위선

보리스테네스 강 위선

뷰딘티온 위선

로도스 섬 위선

알렉산드리아 위선

회귀선

메로웨 위선

알려진 세계의 남방 한계선

적도

헤라클레스 기둥 경선

카르타고 경선

알렉산드리아 경선

유프라테스 강 경선

기스피 해 경선

인더스 강 경선

그가 한 일 중 가장 유명한 것은 지구 둘레를 측정한 것이다.

내가 어떻게 지구 둘레를 측정했을까?

줄자로 재었을까? 절대 아니쥐~.

간지러워

처음엔 아주 작은 실마리에서 출발했지.

하짓날 시에네의 우물 바로 위에 태양이 뜨면 그림자가 생기지 않는다!

별걸 다 자랑하고 있네~.

이 얘기를 듣고 뭔가가 떠올랐지.

그림자가 생기지 않는다는 건 태양이 바로 머리 위에 떠 있다는 얘기잖아!

알렉산드리아 시에네

지구는 둥글고 태양 빛은 지구에 평행하게 들어오는데 이걸 그림으로 그리면 이렇게 되지.

이때 알렉산드리아에 있는 해시계에는 짧은 그림자가 생기는 거야. 태양이 머리 위에 있는 게 아니고 약간 비껴 있어서 각도가 생기는 거지.

$7\frac{1}{4}°$

태양 광선

각도 없음

$7\frac{1}{4}°$

그리고 이 각도는 시에네와 알렉산드리아 사이의 지구 중심의 각도랑 같아지지.

이 각도는 $7\frac{1}{4}°$였지.

난 보폭이 일정한 사람을 시켜 알렉산드리아와 시에네 사이의 거리를 쟀어.

헥~ 헥~. 5000 스타디아*쯤 되는데요.

$7\frac{1}{4}°$가 5000 스타디아라면 지구는 원이니까 360°이고…

그다음엔 계산만 하면 되는 거지, 뭐.
$7\frac{1}{4}:360=5000:X$

X≒250000 즉 지구 둘레는 25만 스타디아가 되는 거지.

★스타디아─로마의 거리 단위. 1스타디아는 약 1.6km.

38

이 수치는 지금의 단위로 바꾸면 39690km쯤 되는데, 오늘날 극지점을 통과하는 지구의 둘레를 측정한 값 39941km와 비교해 볼 때 굉장히 정확한 수치다.

부끄러워

아직도 계산하고 있는 녀석

수학과 지리학이 만나 좌표 개념이 만들어졌다면 수학과 천문학을 결합시켜

내가 지리학과 만났을 때.

그럼, 내가 천문학과 만나면?

관측 천문학의 기초를 만든 사람은 아리스타르코스이다.

천문 기하학!

아리스타르코스
(BC 310?~230?)

그는 태양과 달의 크기와 거리를 재기 위해 기하학 원리를 이용했다.

저 멀리 있는 태양까지의 거리를 어떻게 재냐고요!

우선 달이 태양 빛을 반사한다는 건 알잖아?

그렇다면 달이 반달로 보일 때 태양과 달이 같은 선상에 있다 치고

머리를 써, 머리를!

달

87°

태양의 각도를 관찰하는 거야. 그랬더니 87°가 되더군.

그런 다음 지구에서 달까지 거리가 얼마라고 할 때 지구에서 태양까지 거리를 삼각법으로 계산해 낼 수 있지.

태양은 달보다 18~20배 더 멀리 떨어져 있다는 계산이 나오더군.

18~20

하지만 관찰을 정확하게 하지 않아 값을 제대로 알아내지 못했다.

사실은 각도가 89°50″이거든요, 선배님!

87°

89°50″

그래도 2°50″밖에 차이가 안 나잖아.

그렇긴 해도 워낙 넓은 공간이니까 차이가 많이 난다고요.

실제론 태양은 달보다 400배나 멀리 떨어져 있어요.

아리스타르코스는 거리 말고 달과 태양의 부피도 계산했다.

지름을 관찰해서 거리로 환산하는 방법을 썼지.

그래서 지구의 부피는 달의 부피보다 17배 이상 크고, 31배보다는

작다라는 결론이….

사실은 지구가 달보다 49배 크다

비록 결과가 제대로 나오지는 않았지만 수학을 천문학에 응용했다는 점에서 의미가 있다.

태양의 부피는 달보다 5832배 크고, 이건 사실은….

틀린 건 나도 아니까 가만히 좀 있어 봐!

태양은 달보다 요 6600만배 크다

그는 또한 우주의 중심에 '중심화'가 아닌 '태양'을 배치해

중심화

태양 중심설을 제시한 최초의 천문학자이기도 하다.

그럼, 그럼! 우주의 중심은 태양이지.

그는 지구가 축을 중심으로 매일 자전한다고 믿었으며

태양의 주위를 돈다고 생각했다.

그러나 그의 이론은 실제 관측과는 달랐는데

가만있자, 지구가 움직인다면 별들도 조금씩 움직여야 되지 않나?

……

실제로는 별들의 변화를 관측할 수 없었던 것이다.

……
……
……

변화가 없는 게 아니라 변화가 보이지 않을 만큼 별들의 천구가 크다는 것이겠지.

천체의 변화는 분간하기 어려울 만큼 아주
미세해서 매우 정밀한 관측 기술이 필요하다.

1830년에야
겨우 관측을 할 수
있게 되었답니다.

그의 이론은 행성의 운동을 알아내는 데 적합하지 않아
코페르니쿠스가 나타날 때까지 거의 잊혀졌다.

음….
시대를 잘못 만난
천재라고나
할까?

무슨 소리를
하는 거야?

몰라.
내버려
둬!

아리스타르코스 이후에 등장한 천문학자로는
관측 천문학의 대가인 히파르코스가 있다.

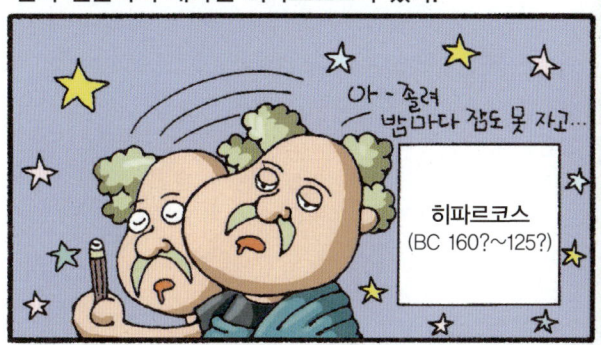

아 - 졸려
밤마다 잠도 못 자고…

히파르코스
(BC 160?~125?)

비록 그의 책은 모두 없어졌지만 프톨레마이오스의
책에서 매우 비중 있게 다루고 있다.

나, 출연
했어.

프톨레마이오스

그는 바빌로니아 등에서
수집한 많은 천문학 자료를
바탕으로

우하하하

로도스 섬에 관측소를 세우고
여러 장치를 만들어 별들을 관측했다.

모두 1080개나
관측했지. 이거
출석 부르다 날
새겠네.

이후에도 널리 쓰인 그의 항성표는
별의 위치를 경도와 위도로 표시한
것이었고

오늘도
별 하나
발견했다, 히히.

훗날 로마에서 쓰인 항성표의 1022개 별 중
850개는 그가 발견한 별이라고 한다.

대단하지?

그는 밝기에 따라 별을 분류했고, 지금도 이 구분이 쓰이고 있다.

그래서
말야…

어머나
그러니?

눈에 겨우
보이는 별은
6등성!

가장 밝은
별은 1등성!

거기
1등성 분단
조용히 해!

히파르코스는 지구중심설(천동설)과 주전원설을 지지했다.

뭐니뭐니 해도 관측한 자료가 우선이지.

관측한 자료들을 합리적으로 설명할 수 있는 게 천동설이었고.

그러나 대충 측정하는 일은 절대 없었다.

자와 컴퍼스로 안 될까?

아리스타르코스처럼 억지로 끼워맞추면 안 돼!

이러한 그의 태도는 헬레니즘 천문학을 정밀 과학으로 이끌었다.

어디로 데려가는 거예요?

정밀 과학

그의 업적 중 가장 중요한 것은 '세차운동'의 발견이다.

여기는 춘분점

낮과 밤의 길이가 같아지는 때, 하늘 위의 태양이 지나는 지점을 '춘분점'이라 하지.

낮 밤

그는 춘분점이 매년 조금씩 이동한다는 것을 확인했다.

올해의 춘분점   작년의 춘분점

아주 조금씩 (1년에 50.3″) 동에서 서로 이동하는군.

옛날 기록과 비교해 봐도 틀림없어.

이것은 축이 기운 지구가 달과 태양의 인력으로 흔들리며 도는 세차운동 때문에 일어나는 현상이다.

지구는 적도 부근이 부풀어 있어 완전한 구라고는 할 수 없죠. 부푼 부분에 인력이 더 작용하니까 조금씩 흔들리는 거예요.

그는 세차운동의 정확한 1주기(2만 6000년)는 몰랐지만

'항성년'과 '회귀년'의 길이가 다르다는 것을 알아냈다.

항성년이란 지구가 태양의 둘레를 한 바퀴 도는 시간이고

회귀년이란 태양이 춘분점에서 출발하여 다시 춘분점에 이르는 시간인데

아까도 얘기했듯이 춘분점은 매년 조금씩 달라지므로

항성년은 회귀년보다 조금씩 더 길어지게 되는 거지요.

교차점이 조금 뒤로 갔지롱....

회귀년

항성년

오와 쟤네가 빨라?

그는 이런 발견을 토대로 1년의 길이를 365일 5시간 49분으로 거의 정확하게 계산했다.

춘분-춘분 사이의 시간 계산이지.

또한 하지점에서 추분점 사이의 시간과 춘분점에서 하지점 사이의 시간을 측정했고

94.5일

92.5일

춘분점

추분점

태양이 187일 동안 적도 북쪽에 있고, 나머지 178일 동안은 적도 남쪽에 있다는 사실 등을 알아냈다.

너 왜 이렇게 말랐니?

몰라. 요새 누가 날 자꾸 감시하는 거 같아서 기분이 안 좋아.

태양과 달의 거리와 크기를 측정하는 방법은 아리스타르코스보다 훨씬 뛰어났는데

내가 좀 실용적이잖아. 난 자료 없으면 연구 안 한다고.

무슨 자료냐 하면 한번은 개기 일식이 있었는데 말이지.

히파르코스는 같은 자오선상에 있는 알렉산드리아와 헬레스폰트에서 개기 일식을 관찰토록 했다.

같은 경도 위에 있다는 것은 곧 같은 자오선상에 있다는 것이지.

그 결과 두 도시의 일식이 다르다는 사실을 발견했다.

헬레스폰트

완전히 가렸다, 오버!

이쪽은 80%만 가렸다, 오버!

알렉산드리아

달이 태양과 지구 사이에 있음을 알고 두 도시 사이의 거리를 계산해

에… 또 지구의 크기는….

전자계산기가 하나 있으면 편할 텐데.

달

삼각법에 의해 달까지의 거리를 추정했다.

음, 지구에서 달까지의 거리는 지구 반지름보다 59배 크고

$67\frac{1}{3}$보다는 작겠군.

그는 태양과 달의 일식과 월식에 대한
연구를 계속하여

또 일식이 일어나야
연구를 계속할 텐데…,
음냐.

지구에서 태양까지의 거리가 지구 반지름의 2500배임을
계산했고, 지구에서 달까지의 거리는 지구 반지름의 $60\frac{1}{2}$배
라는 사실을 계산했다.

나중에
밝혀지기론
달까지의 계산은
아주 정확했다고
하더군.

그런데
태양까지의 거리는
너무 짧았다나?
가까이 하기엔
너무 먼 태양이라고
해야겠지.

히파르코스의 관측 천문학은
당시 천문 기하학자들에게 커다란 영향을 미쳤다.

어이~!
달도 밝은데
관측하러
가자고.

난 달 뜨는 게
싫어!

그 밖에 천문학자는 아니지만
천문학에 대한 책을 쓴 사람으로
시인인 아라토스가 있다.

아라토스
(BC 315?~240?)

그는 에우독소스의 천문학을 기초로 일종의
교훈시 〈천체 현상〉을 지었다.

사람들에게 천체를 쉽게
알려 주기 위해 만든 시죠.
이 시대에는 일상적으로
시를 썼거든요.

만약 내가 현대에
태어났더라면
시가 아니라
이런 만화로
만들었을 텐데….

이거
재밌네

만화
과학사

별자리도 엉성하게 다루었고,
시라는 형식이 논리적이지도 않았지만

그래도 머리에
쏙쏙 들어오긴
하잖아.

45개의 별자리와 행성, 황도를 신화와 연결해
아름답게 읊어

그래서 엄마 곰과
아기 곰은 하늘에 올라가
별이 되었으니….

이거
출연료 주는
거야?

몰라!

반짝반짝 작은 별…
하늘에서 별을 따다…
저 별은 엄마 곰 별…

일반 대중과 문학가들에게 큰 호응을 얻었다.

공로상!
아라토스 군은 보통
사람들이 다가가기
어려운 천체 지식을 시로
만들어 널리 보급한 것이
인정되므로 이에
상장을 드립니다.

짝짝 짝

헬레니즘 시대 헤로필로스가 세운 의학교는 알렉산드리아 박물관의 자랑거리였다.

특이하게도 당시의 왕은 인체 해부를 허락했는데

그는 이 점을 의학 연구에 충분히 활용했다.

그는 인체 조직과 동물 조직의 비교 연구에 열심이었으며 여러 가지 해부기를 창안해 냈다.

그는 뇌에서 척추로 내려가는 신경을 추적해

뇌가 신경계의 중심이라는 사실을 밝혀냈다.

그는 정맥과 동맥을 구분했지만

차이점은 잘못 해석했고, 심장의 고동 소리와 연관짓지도 못했다.

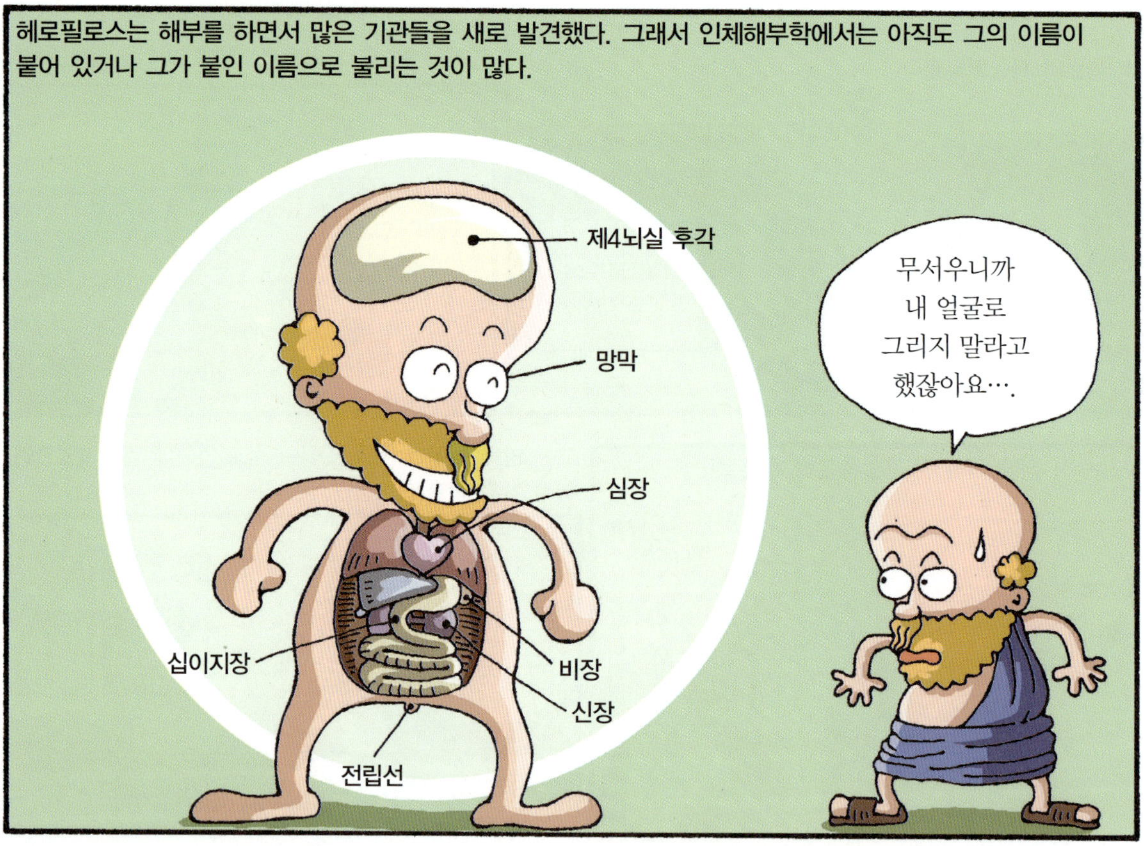

헤로필로스는 해부를 하면서 많은 기관들을 새로 발견했다. 그래서 인체해부학에서는 아직도 그의 이름이 붙어 있거나 그가 붙인 이름으로 불리는 것이 많다.

제4뇌실 후각

망막

심장

십이지장

비장

신장

전립선

무서우니까 내 얼굴로 그리지 말라고 했잖아요….

또한 그는 맥박의 중요성을 알았고, 맥박을 잴 때 물시계를 처음으로 사용했다.

야~! 저 시계 좋은데요?

헷갈리니까 말 좀 시키지 마세요.

식이 요법이나 체조가 건강에 좋다고 생각하기도 했다.

예나 지금이나 건강에 좋은 건 비슷하다고.

그러나 그의 업적은 제대로 전해지지 못해서 아예 잊혀지기도 했다.

17세기에 가서야 재발견을 했다더군.

게다가 제자들을 잘못 키워서 ….

그의 제자들은 해부와 새로운 연구보다는 논쟁으로만 시간을 보냈다고 한다.

왈

가

왈

부

내 말이 맞다니깐

왈왈왈 시끄러워!

사부님! 제가 있잖아요. 너무 속상해하지 마세요.

오! 에라시스트라토스! 네가 있었구나!

애는 다른 제자들과 다르다오.

헤로필로스와 나란히 헬레니즘 시대를 대표하는 의학자인 에라시스트라토스는

헤~, 사부님하고 나란히라니까 떨리는데요.

에라시스트라토스 (BC 310?~250?)

헤로필로스에게 영향을 받긴 했지만 해부학보다는 생리학에 많은 관심을 보였다.

생리학이란 생물이 살아 나가는 데 생기는 여러 가지 현상이나 기능을 연구하는 거죠.

말하자면 피를 토하는 증세나

기침은 왜?

물집은 왜 생기나?

열은 왜 날까? 이런 것들을 연구하는 거죠.

그는 죽음의 원인을 밝혀내기 위해 시체를 해부했다.

이유 없이 죽지는 않았을 터. 몸 어딘가에 그 원인이 있을 것이다.

에라시스트라토스는 대뇌, 소뇌, 척추의 지각신경과 운동신경을 구분했다.

하는 일이 다르니까 당연히 구분해야죠.

앗 뜨거

앗 차거

아야

구부리고

펴고

지각신경

운동신경

그는 지각신경이 뇌에 있다고 추측했고

너희 집 저기 맞지?

....어떻게 알았지!?

동물의 뇌보다 인간의 뇌가 복잡하단 것을 관찰했다.

흠. 인간의 뇌가 훨씬 크고 복잡한데.

당연하지! 인간이 달리 머리가 좋겠나?

잘난 척은….

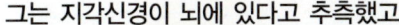

47

그는 실험을 통해서 인체에 노폐물이 생기는 과정을 처음으로 발견했고

그것을 통해 신진대사 연구의 기초를 닦았다.

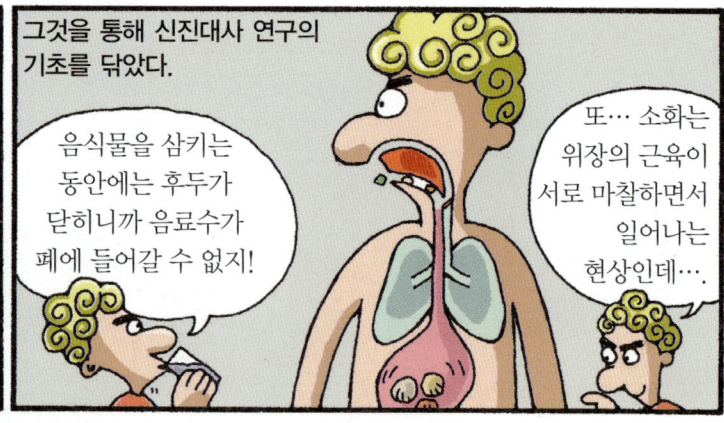

음식물을 삼키는 동안에는 후두가 닫히니까 음료수가 폐에 들어갈 수 없지!

또… 소화는 위장의 근육이 서로 마찰하면서 일어나는 현상인데….

인체는 신경, 동맥, 정맥으로 이루어진 하나의 조직이라고 생각했으며

이 세 가지 중 하나만 없어도 살 수가 없죠.

이 세 개의 통로를 흐르는 액체가 인체를 유지시킨다고 생각했다.

동맥은 생명 정기!

정맥은 혈액!

신경은 동물 정기를 나르지요.

이것이 에라시스트라토스가 생각한 생리학이다.

자연의 정기는 공기와 함께 폐로 들어오지요.

뇌

동물 정기

생명 정기

폐

음식

심장

혈액

간장

신체

생명 정기는 뇌로 전해져서 동물 정기로 변한 후 신경을 통해 온몸에 퍼지죠.

이 세 종류의 액체는 몸 안을 돌며 기관에 힘을 주고 사라지는데요.

만약 모두 사라지지 않았다면 어느 기관인가가 힘을 못 받았다는 얘기니까 균형이 깨져 병이 나죠.

이 둘은 해부학과 생리학의 기초를 닦는 빛나는 업적을 이루었으나

아쉽게도 알렉산드리아의 도서관과 박물관이 불에 타 많은 자료가 없어진 것으로 보인다.

난 끝까지 슬프구나.

기운 내세요, 사부님. 그래도 할 일은 하셔야지요.

할 일? 그렇지, 헬레니즘 시대를 정리하라고 했지.

헬레니즘 시대는 넓어진 세계의 많은 지식들의 도움과

무세이온이라는 든든한 기반 덕분에 학문이 활짝 꽃피었던 시기였지.

게다가 처음으로 학문끼리 협동이 이루어졌지.

그리고 알렉산드리아는 로마가 그리스를 점령한 뒤 쇠퇴하긴 했지만 계속 학문 연구의 중심지로 남았다오.

그 부분은 로마 다음에 나올 거고요.

로마에 침략당한 뒤 무세이온은 세 번이나 불에 타지. 첫 번째는 기원전 47년 카이사르의 침략 때였고

두 번째는 391년 기독교도들이 일으킨 폭동 때….

저런…. 화재보험이라도 들어 둘 걸 그랬죠?

그때 이슬람에 넘어간 자료들이 이슬람의 과학 발전에 도움이 됐죠.

마지막으로 645년 이슬람이 침략했을 때라네.

알렉산드리아는 그 뒤 다시는 학문의 중심지 위치를 되찾지 못하고 역사에서 사라지게 돼.

흔적도 없이….

저 동넨 왜 저렇게 시끄러워?

우리 집에 왜 왔니? 왜 왔니?

아, 이거 정말 재미있는데….

누가 나 좀 말려 줘요!

그러나 다행히도 몇몇 학자들이 가지고 피신한 자료들과

도와줄게

무세이온

빨랑 받아

우리가 잘 보관해 줄게. 걱정 마.

이슬람이 보관한 자료들이 있어서 중세 유럽에서 그리스의 학문을 되살리는 거름 역할을 했지요.

그리스와 헬레니즘의 과학은 유럽에서 17세기 과학혁명이 일어날 때까지 1000년이 넘게 권위를 가질 만큼 인정받았던 학문이었답니다.

★15달란트는 요즘 돈으로 약 2억 원 정도.

2

고대 로마

실용적인, 지극히 실용적인

로마

고대 로마

따라서 로마 인들은 눈부신 건축물을 짓고 뛰어난 기술을 일구어 냈지만

헬레니즘 과학을 더 발전시킬 수 있었는데… 아깝지 않던가요?

그게 무슨 뜻이야? 쉽게 말해, 쉽게.

긴 말은 싫어

아쉽게도 새로운 발견을 하거나 순수 학문을 발전시키지는 못했다.

이 시대에도 순수 학문을 조금 연구하긴 했지만

그건 거의 헬레니즘 출신 과학자들이 했죠.

그 사람들은 '헬레니즘의 후계자들' 편에서 다시 나올 겁니다.

로마 인들은 순수 학문을 발전시키진 못했지만 그리스 문화에 대한 존경과 애정은 대단해서

중세 유럽이 그리스 학문을 다시 일으킬 수 있었던 것도 다 우리가 잘 보관해서지.

아직 철기 시대에 머물러 있던 서유럽에 발달된 그리스의 문물을 전해 주거나

침략자!

그래도 이런 깡촌에 지중해의 도시 문명을 알려 준 게 누군데 그래!

기독교가 전 유럽에 퍼질 수 있도록 중요한 다리 역할을 했다.

기독교는 로마 초기에 조금 박해를 받긴 했지만

믿씁니다

기도합시다

380년엔 정식으로 로마 국교로 승인을 받고, 그 후엔

로마제국의 지원을 받으며 로마가 지배한 모든 땅에 퍼져 나갔죠.

믿지 않는 자 불구덩이에 떨어지리라는 협박도 하면서

로마

기초와 추상이론을 무시한 단순한 실용성!

로마의 학문 중 가장 커다란 특색은 '백과전서'의 출현이다.

백과전서란 잡다하게 끌어모아 놓은 책을 말하죠.

이는 실용만 따졌던 로마 인들의 성향에서 나온 것으로

자연법칙 탐구? 우리 입맛엔 안 맞아!

그것보단 자연을 어떻게 이용하는지가 더 중요하지.

전문서라기보다는 이것저것 잡다한 지식을 모아 놓은 교양서에 가까웠다.

당연하지! 작가부터 전문가가 아니었으니까.

바로는 백과전서의 대표 작가로, 로마의 최고 학자로 꼽혔다.

바로
(BC 116~27)

그는 73세까지 군인, 정치가로서 여러 공직을 두루 거쳤고

73세부터 90세까지 17년 동안 책을 썼는데

목표, 1년에 서른 권 이상 쓴다!!

그 양이 620권, 74종류나 된다.

한마디로 안 건드린 분야가 없다고나 할까?

그러나 바로가 쓴 책들은 스스로 관찰이나 실험을 해서 쓴 내용이 아니었다.

그럼…, 이 나이에 내가 나가서 실험하리?

바쁘니까 자꾸 말 시키지 마! 보자…. 이 얘기도 그럴듯하군.

베껴서라도 많이 모아 놓고 자랑하는 거죠.

뭐라고? 잘 안 들려….

그가 쓴 『제9학과』는 플라톤의 자유 7학과에 의학과 건축학을 더한 것으로, 중세에 널리 읽혔다.

음악

천문학

수론

수사학

기하학

문법학

변증법

의학

건축학

한편 비트루비우스는 건축에 대한 열 권짜리 백과전서를 썼는데

비트루비우스
(BC 1세기경
활동)

건축을 중심으로 기술과 원리의 내용을 더했다.

건축의 원리

조형적 구조

콘크리트 섞는 법

기계 기술. 필요한 건 다 썼걸랑.

물론 이론은 그리스 책에서 베꼈지만

음…. 그렇단 말이지….

그리스 건축

자신이 몇 년 동안 일한 경험을 살려 그 내용을 싣는 등

내가 건축으로 잔뼈가 굵은 사람이걸랑.

이론과 실제가 합쳐져야 한다고 강조했다.

실제

이론

이 책은 수세기 동안 건축학의 교과서로 쓰였고

그가 주장한 '건축 3원칙'은 건축사에 길이 남았다.

켈수스 역시 백과전서 작가로서

농업, 미술, 군사 기술, 웅변술, 철학, 법률 등을 다루었다.

그가 쓴 의학서는 특이한 내용으로 관심을 끌었다.

그래서 켈수스는 전문 의학자로 오해받곤 했는데

이는 켈수스가 로마 의학에 헬레니즘 의학을 섞었기 때문이다.

세네카는 스토아 철학자로

스토아 철학은 로마 시대에 유행한 철학인데

욕망을 누르고 자연을 따르며 살자는 거죠. 편안한 마음이 최고거든요.

세네카
(BC 4?~AD 65)

네로 황제의 스승이었으나 네로의 폭정에 불만을 품어 은퇴한 뒤 글만 썼던 사람이다.

우하하하 ~

밥 먹고 책 쓰고 또 자고 일어나 책 쓰고… 참 좋아유. 왜 진작 이런 생활을 안 했나 몰러유.

그가 쓴 책 가운데 지리학과 기상학 백과전서가 있는데

불과 공기, 싸락눈과 바람

또는 지진, 벼락, 혜성에 대해 썼쥬.

많은 자료를 정리하지 않고 그대로 썼으며

욕심껏 자료를 많이 갖다 붙이긴 했는디…

결론도 지나치게 교훈적인 것에 치우쳤다.

벼락은… 그러니께 착하게 살아야 해유.

벼락과 착하게 사는 게 무슨 상관?

아이고! 못된 짓 하면 날벼락 맞는 거 몰러유?

훗날 세네카는 네로가 역모를 꾀한 것으로 의심하자 자살했다.

내 말이 그 말이에유. 책에는 세속을 멀리하는 게 좋다고 썼으면서도

왜 난 세속에 관계했다가 이렇게 죽나 몰러유. 역시 난 정리가 잘 안 되나 봐유.

대(大)플리니우스는 가장 대표적인 과학 백과전서 작가다.

아들놈 이름도 플리니우스라서 앞에 대(大) 자를 넣어 구별하지요.

대(大) 플리니우스
(AD 23~79)

군대에서 투창 사용법에 대한 책을 쓰면서 자신의 글쓰기 재능을 알게 되었다고 한다.

글이 술술 풀리네…. 정말 숨겨진 재능이?

이제 그만 훈련하자니까요!

62

그는 식물학, 철학, 수사학 등을 공부했고 변호사로도 활동했으며

수사학이란 글짓기를 잘하기 위한 공부지요.

거의 잠을 자지 않고 철저한 의무감으로 글을 써 댔다.

잘 거 다 자고 언제 글을 쓰겠어?

산다는 것은 깨어 있는 것이라고!

이제 그만 좀 자자.

그가 쓴 책 중 가장 유명한 것은 『박물지』인데

난 공부하기 싫은데

이 책으로 말씀드리자면 473명이 넘는 작가들 책을 참고로 했고

3만 5000가지 사실을 모아 놓은 위대한 성과물로서 티투스 황제께 바치는 제 선물입니다.

매우 실용적인 이 책은 정성껏 쓰여지긴 했지만

이 책은 매우 인간 중심적이지.

먹는 것

약초

그래서 모든 식물은 식용과 약용으로 구분했고 동물도 역시….

내용을 제대로 소화하지 못하고 상상에 치우친 흔적이 곳곳에서 드러난다.

나는 이렇게 황당한 얘기가 좋더라.

그러나 후대 사람들은 그의 흥미 위주의 얘기에 자극을 받아 자연에 대해 폭넓은 관심을 갖기도 했다.

여기 있는 이 얘기, 정말일까?

설마!

그래도 몰라….

플리니우스는 마지막으로 나폴리 만 함대 사령관을 지냈는데

사령관님. 폼페이 쪽에서 이상한 구름이 보이는데요.

79년 베수비오 화산 폭발 현장을 조사하러 나갔다가 연기에 질식해 안타깝게도 목숨을 잃고 만다.

안 돼! 아직 쓸 책이 많은데….

로마의 시인이자 철학자였던 루크레티우스는

루크레티우스
(BC 95?~55?)

고대 원자론의 모든 것을 정리한 여섯 권의 책을 썼다.

7400행의 대서사시로 원자론을 종합, 정리했다오.

야-호 드디어 등장이다

원자론은 고대 그리스의 레우키포스가 시작해 그의 제자 데모크리토스가 완성한 자연 철학이다.

우리 기억나?

자연의 세계를 원자의 운동과 상호 작용으로 해석하는 과학적 견해였죠.

물질은 무엇으로 구성되어 있는지 하는 문제부터

그야 물론 원자로 구성되어 있지.

무거워

물질의 운동은 어떻게 일어나는지

원자가 모이고, 흩어지면서….

안녕

모여!

생명과 마음이란 무엇이며

이것도 원자!

호~ 아

우주의 창조가 무엇으로부터 이루어졌는지 등의 문제까지 폭넓은 영역을 다루는 개념이다.

원자!

자꾸 물어보지 마

루크레티우스는 논리적으로 원자론을 정리했고

무조건 원자

음냐 음냐

쯧쯧. 내가 정리하지요.

자연현상을 설명함으로써

천문 현상이나 전염병은 신이 화가 나서가 아니라 과학적인 이유로 일어나는 거지요. 여기에 밑줄 쫙~!

당시 로마에 퍼져 있던 미신들을 깨우치려 했다.

그게 아니라니까!

믿습니다

64

그러나 그도 관찰이나 실험은 하지 않고

데모크리토스 등의 그리스 과학 지식에만 의존했다는 점에서 아쉬움을 남긴다.

왜 없지?

그래도 원자론의 다른 저서들이 별로 안 남은 지금

가장 소중한 자료라오.

원자론은 기독교와는 근본적으로 다른 세계관에서 출발하기 때문에

천지창조가 원자의 운동으로 되었다고 하면…, 신이 할 일이 없어지잖아?

나, 실업자?

예수님

한때 기독교로부터 거센 비난을 받아 없어질 뻔하다가

이런 불경한 책을 봤나!

르네상스 초기 인문학자들에 의해 되살아난다.

저…, 버릴 거면 절 주세요.

주섬 주섬

로마 시대엔 순수 과학이 발전하지 않아 유명한 수학자가 없다.

나갈 수가 없어!

수학

수학 도구로는 '컴퍼스'와 '자' 등이 있었고 '측량기'도 사용했다.

이것은 수평과 직각을 잴 때 사용한 것으로 '그로마'라고 하지요.

로마 인들이 쓰던 숫자는 오늘날까지 시계 등에서 흔히 볼 수 있는 모양으로

아함~, 9시군.

땡 땡 땡 땡

10진법과 5진법이 같이 쓰였다.

V는 한 손 모양!

D는 Φ을 반으로 자른 모양!

X는 두 손을 모은 모양!

I　V　X　L　C　D　Φ
(1)　(5)　(10)　(50)　(100)　(500)　(1000)

로마숫자로 어떤 수를 쓰려면 꽤 길게 써야 했고

예를 들어 3679를 로마숫자로 쓰면

이렇게 되지요.

ΦΦΦDCLXXIX

계산도 복잡해 계산을 위한 판을 따로 만들어 썼는데

'아바쿠스'라고 하는 계산판 이지요.

대리석에 홈을 파고 구슬을 넣어서 움직이는데

요즘의 주판과 비슷한 원리다.

구슬의 위치를 보고 답을 알아냈지요.

로마 인들은 원래 태음력을 사용했는데

태음력은 달의 변화를 주기로 삼았고, 354일이 1년인 달력이지요.

기원전 46년 로마를 장악하고 황제가 된 율리우스 카이사르는

로마…. 이 넓은 땅들을

어떻게 다스려야 잘했다고 소문이 날까?

식민지를 효율적으로 통치하기 위해 역법을 통일해 보급시키는 것을 생각해 냈다.

흠, 우선 돈이 넉넉해야 통치하기 좋을 것 같구먼.

날짜를 정해 세금을 걷고, 어기면 벌금을….

그건 무리예요. 각각 달력이 다른 걸요.

그래? 그렇다면.

그는 곧바로 천문역법학자 소시게네스에게 새로운 역법을 만들게 했다.

그립다 클레오파트라

거, 내가 이집트 갔을 때 보니까, 태양력 이란 걸 쓰더만.

그걸로 한번 만들어 보는 게 어떨까?

그는 이렇게 만든 태양력을 많은 반대에도 아랑곳 않고 보급했고

안 들려….

태양력만 쓰면 부정확 해요.

태음력과 같이 쓰는 것이…

보고싶다 클레오파트라

66

아그리파는 처음으로 측량을 해서 지도를 만들었는데

아우구스투스 황제의 사위이며 군인이고 정치가였습니다.

아그리파
(BC 62~12)

똑바로 측량 못 하냐! 군기가 빠졌어

도로를 중심으로 한 엄청나게 큰 측량 지도를 만들었다.

나중에 포이팅거가 이 지도의 일부를 모았기에 지금은 '포이팅거의 지도'라 부르고 있습다.

그는 토목건축물이나 하수로, 터널 등을 지어 큰 업적을 남겼으며, 수로교나 판테온을 지은 것으로도 유명하다.

제 얼굴은 석고상으로도 유명함다.

아그리파의 뒤를 이은 지도 제작자는 에스파냐 출신의 멜라로서

멜라
(AD 1세기경 활동)

『세계에 대하여』라는 세 권의 지리학 책을 지었다.

오케아노스(대양)

유럽
흑해
카스피 해
비단의 나라
지 중 해
아프리카
아 시아
페르시아 만

이것이 내가 생각한 세계 지도예요.

그는 그리스의 지리학을 많이 따르긴 했지만

그리스 지도

흑해를 최초로 언급했고

저기, 그거 아시우? 유럽과 아시아 사이에 흑해라는 바다가 있지 뭐유~.

남쪽에 있는 열대지방에도 사람이 살고 있다고 주장했다.

사람이 살긴 할 거예요. 어찌 생겼는진 모르겠지만….

그럼… 지도만 있으면 전쟁도 하러 가고, 세금도 받으러 가고, 놀러도 갈 수 있나?

아, 지도만 있으면 됐지, 뭘 또….

생각해 봐! 세금을 받으러 가는데 만약 길이 험하다면?

산 넘고 물 건너서 오래오래 고생하면서 돌아돌아 가겠지, 뭐!

그것 봐! 그럼 뭐가 필요하지?

아, 그렇구나! 길을 만들어야겠네.

로마는 드넓은 영토를 통치하기 위해 로마 시를 중심으로 한 29만km의 도로망을 만들었다.

신속한 이동! 즐거운 여행!

길 곳곳에 숙소, 막사, 이정표가 세워진 멋진 길이죠.

이러한 도로 중 가장 유명한 것은 아피아 도로로서

만든 사람의 이름을 따서 지었지. 이름 좋지?

도로의 너비가 8m, 길이가 540km나 되는 매우 큰 규모였다.

아주 튼튼하게 만들었기 때문에 현대까지 쓰였지.

팡팡

이 도로들은 모래와 자갈 위에 깨뜨린 돌과 모르타르를 섞은 석판을 깐 뒤, 다시 다듬은 돌을 덮는 방법으로 만들어졌다.

모든 길은 로마로 통한다!

푸~! 먼지!

아직 공사하는 거 안 보이냐? 이 폭주족들아!!!

로마 인은 농사일을 주로 했던 민족이라

농사꾼은 창의성 보다는 성실함과 실용성이 더 필요한 법이니라.

네, 아부지.

새로운 발명은 없었지만 일상생활과 정치나 군사 같은 실용적인 분야에서는 발전을 이루었다.

우리 발명품? 자신 있게 꼽을 수 있지. 몇 개 없으니까, 뭐.

에… 콘크리트 하고….

게다가 점차 대제국이 됨에 따라

황제와 로마의 위신이 있지. 더욱더 큰 건물들을 지어서 내 이름을 빛내리라!

노예를 동원하는 큰 공사가 많아졌다.

그저 죽어나는 것은 우리지, 뭐!

그래도 거중기가 있어서 얼마나 다행이야.

'거중기'는 그리스 인들이 사용하던 기계인데, 무거운 돌을 옮길 때 사용했다.

에어로빅 하냐?

왼쪽! 왼쪽! 왼쪽! 오른쪽!

거중기를 사용하여 만든 건물로는 대경기장(콜로세움)을 들 수 있다.

관중이 5만 명이나 들어갈 수 있었죠.

대경기장은 188×156m의 타원형 모양으로 지은 4층짜리 건축물이다.

로마 인들은 여기서 검투사 시합이나 맹수와의 싸움 같은 잔인한 경기를 즐겼죠.

또한 판테온은 '모든 신에게 제사 지내는 신전'이란 뜻으로 기원전 27년부터 2년 동안 건설했고

정말 모든 신에게 제사 지내 주는 것 맞아?

그렇다니까! 그런데 넌 못 보던 신이다?

벼락을 맞아 한 번 불탔다가 118~125년에 다시 지었다.

다시 지은 사람 이름은 하드리아누스 황제! 신들께선 기억해 주세요!

이 신전은 둥그런 천장 꼭대기에 뚫려 있는 지름 9m의 천창이 유명하다.

와~, 기술도 좋지!

로마에 있는 신전 중 가장 잘 보전되어 있는 신전이래요.

로마 인들은 의사를 천시하여 의학은 많이 발전하지 않았으나

주술이나 하고 있으니 품위 없어 보이잖아!

잦은 전쟁 때문에 외과술은 발전했다.

창에 찔렸어!

뼈가 어긋났어!

넘어졌어잉~.

침 발라!

맞춰!

꿰매!

공중위생도 발전하여

아, 깨끗한 물이 나오네.

도로 청소도 열심히 하고

심지어 하수처리까지 철저히 했네.

이 시대에 이만큼 위생 시설을 갖춘 도시 있음 나와 보라고 해!

흥분하지 말고 목욕이나 가자고.

카라칼라 황제가 건설한 대목욕탕은 방들이 나누어져 있었고
하수처리도 빈틈없었다.

매일 목욕하다니,
우린 너무
깨끗해!

한증탕에서
땀 빼고.

마사지 받고!

간지러워

찬물에서
수영도 하고!

으흐~,
좋다!

그리고 여긴 우리
천국인 하수도지요.
기원전 615년에 만들었는데
19세기까지 쓰일 정도로
아주 튼튼했지 뭐유.

그러나 로마 인들은 솜씨 있는 기술자가
필요했는데도

기술을 교육시킬 시설은 따로 없었다.

그럼
기술은
어떻게
배워?

음,
건축 기술을 배우고
싶으면 건축가
제자가
되는 거야.

제자로서
정해진 수업을
마친 뒤

건축가 시험을 봐서
합격하면 기술자가
되는 거지.

숙제
콘크리트
섞기

기술자들은 생활에 필요한 모든 것들을
바꿔 나갔는데

그중 한 예로 밀을 빻는 제분소를 들 수 있다.

처음에 절구질은 주로 노예가 했는데 점점 노예가 귀해져서….

가축의 힘을 이용해 밀가루를 만들다가

나중에 수력을 이용하는 방법을 생각해 냈지.

수력을 이용한 제분소는 강가에 대규모로 세워졌으며

하루 열 시간 동안 2.4~3.2t의 밀가루를 생산할 수 있었다.

아고 힘들어..

목수들은 줄톱이나 활톱을 사용했으며 활 모양의 드릴도 사용할 줄 알았다.

또한 대장장이들은 동업 조합을 만들었는데

잦은 전쟁 덕분에 로마 초기에는 특수한 지위를 누리기도 했다.

로마의 상선*은 그리스 상선과 그리 달라진 것이 없었으나

★상선-사람이나 짐을 나르는 데 쓰는 배.

군선은 접근전을 하기 좋게 개조했고

다리 걸쳐!

황소가 노를 젓는 배도 연구했다.

무기로는 투석기의 일종인 '오나겔'이라는 것이 쓰였다.

오나겔은 야생 당나귀라는 뜻이지요.

땅

피하자

옛날옛날에 당나귀가 막다른 골목에 몰렸을 때

뒷발로 차서 날렸다는 얘기에서 딴 이름이지요.

이렇게 양쪽 지지대에 밧줄을 몇 바퀴 감고 그 사이에 나무 막대기를 꽂아 아래로 당기면 줄이 팽팽해지고

여기에 돌을 매달고 빗장을 풀면 돌은 날아가 버리죠.

자, 그럼 로마 편을 마치겠습니다. 로마는 따로 정리할 게 별로 없는 관계로 우리의 고성능 무기나 여러분께 보여 드리는 것으로 마무리하겠습니다.

시험 발사 준비~.

발사!!

사령관님, 거기는 로마 시내 쪽이에요!!

아이고~.

3

헬레니즘의 후계자들

그리스와 로마의 결합

헬레니즘의 후계자들

헬레니즘의 후계자들

비록 로마에 점령을 당했지만

전성기를 누리던 헬레니즘의 과학이 한꺼번에 쇠퇴하진 않았다.

그래도 시들지 않은 꽃이 아직 많다네.

로마 인들은 그리스의 학문을 존중했지만 기초 학문의 발전은 잇지 못했고

어허! 남의 성적표는 왜 보는 거야!

그리스계 학자들은 학문의 주역으로서 헬레니즘의 전통을 이어 갈 수 있었다.

왜 그리스 어로 과학서를 만드는 거야!

쓰는 사람 보는 사람 모두 그리스 인이니까 그렇지.

거기에 현실적이고 실용적인 로마 인의 요소들이 더해져 만들어진 학문들은

주고!

받고!

기초 학문

실용성

고대 과학을 매듭지으며 중세로 넘어가게 된다.

시대의 변화와 함께 고대 과학을 마무리하다.

헬레니즘의 후계자들

헬레니즘 후계자들의 업적을 찾으려면

어디 있을까? 응?

꼭꼭 숨어라, 머리카락 보일라.

먼저 로마 인들이 멀리했던 분야를 살피면 된다.

특히 수학! 으~, 치 떨려!

이봐, 이봐. 비키면 어떻게 해?

찾았다!

신(新)피타고라스 학파인 게라사 출신의 니코마코스는

이번 엔 내가 술래

니코마코스 (AD 50~150?)

『수학 입문』이라는 두 권의 책을 썼는데

수학 입문

이래 봬도 지금까지 남아 있는 수에 대한 책들 가운데 가장 오래된 책이라고.

에우클레이데스의 『기하학 원론』에 나오는 피타고라스 학파의 수학 이론을 다루고 있다.

피타고라스 학파는 '만물은 수(數)다.' 라고 선언한 학파로서…

어? 나도 알아요. 설명 안 해 줘도 된다고요.

음악, 도형, 천체의 운행에서 완전한 수의 비례와 성질을 찾아내려고 했던 사람들이죠.

나도 안다니까. 책까지 썼다고….

니코마코스가 쓴 『수학 입문』은 다음과 같은 내용이다.

1권은 수론, 기하학, 천문학, 음악을 다루고

2권은 평면, 다각함수, 입체수와 수 계열의 합 등을 다뤘지.

봐! 나도 한 수학 하잖아!

꽉꽉

그의 이론은 그다지 새롭진 않았지만

증명도 틀린 게 많구먼! 수학을 만만하게 봐? 똑바로 못 들어?

난 정말 틀린 줄 몰랐다고요, 잉~.

그 후 라틴 어로 번역되거나 해설서가 나오는 등 대부분은 호평을 받았다.

그래도 로마 인들은 좋아했는데….

그 뒤에 나타난 수학자로는 알렉산드리아 출신의 파포스가 있다.

파포스 (290?~350?)

그는 『수학 집성』이라는 여덟 권의 책을 썼다.

앞의 1, 2권은 전해지지 않았고요.

나머지 여섯 권을 보면 기하학뿐만 아니라 천문학, 분석학, 기계역학까지 다양하게 접근한 것을 알 수 있지요.

그의 책에는 새로운 내용은 없으나 재미있는 문학적 표현이 많이 나오고

옛날에 사과 같은 원이 하나 있었어요.

거기에서 앵두 같은 원의 면적을 빼면 도넛 모양의 원이 나오죠?

고정 관념에서 벗어난 해석을 하는 것이 보인다.

꼭 딱딱하게 설명해야만 하나요?

그건 너무 재미 없잖아요. 즐겁게 살자고요. 즐겁게!

그리고 고대 과학의 마지막 수학자이자 수학의 역사에 커다란 성과를 올린 디오판토스가 나타난다.

뭘 그렇게 쳐다보나?

디오판토스
(246?~330?)

알렉산드리아에서 살았다는 사실 말고는 생애의 대부분이 알려지지 않은 그는

수학에 대해서만 알면 됐지. 뭘 그렇게 알려고 그러나!

『수론』 열세 권을 썼는데, 그중 여섯 권만 전해진다.

반밖에 안 남았네. 뭐, 제대로 전해지는 게 없구먼.

『수론』을 보면 그가 대수학을 처음으로 시작했다는 사실을 알 수 있다.

대수학이란 수 대신에 문자를 기호로 써서 수의 성질이나 관계를 연구하는 학문이지. 이런 것도 모르냐?

예를 들면 대수방정식!

$2x=15-5$
$2x=10$
$x=\frac{10}{2}\frac{5}{1}$
$x=5$

이는 기하학으로만 치우친 그리스 수학을 보완한 것으로 의의가 크다.

앗! 나의 약점!!

발각됐다

그리스 수학

대수학

내가 때워 줄게, 좀 조용히 해라.

그는 『수론』에서 계산에 대한 기본 정의를 내린 후 189개의 문제를 풀이했는데

그가 생각했던 '기호를 대입하는 방식'은 오늘날에 쓰이는 대수방정식과 같다.

음. 미지수가 한 개인 경우? 뭐, 그 답은 쉽게 구할 수 있지.

$x+6=12$
$x=12-6$ $x=6$

그러나 두 개 이상의 미지수를 가진 대수식을 해결하려면 상당히 어려워지는데….

$2x+3y=17$
$x→1, y=5$
$x→4, y=3$

미지수가 두 개일 땐 뭐, 별수 없지. 어느 하나의 미지수에 임의의 수를 집어넣어 계산해 보는 거지, 뭐.

디오판토스가 풀이에 사용한 방식은 상당히 천재적인 것이었으나

뭐, 나도 아니까 쑥스럽게 칭찬하지는 마라.

그는 유리수 범위에서만 답을 인정했다.

내 생각을 강요하는 건 아니지만

음수나 무리수가 해답인 방정식은 풀 수도 없을뿐더러 풀 필요도 없는 방정식이라고 생각하지 않냐?

유리수

디오판토스의 책은 이 시대의 대표적인 수학서로서 후에 아랍 인들이 보존해 두었다가

다시 라틴 어로 번역, 16세기 유럽 대수학의 발전에 큰 영향을 주었다.

상당히 잘 정리 했는데….

대수학에 좋은 교재가 생겼군.

잘되긴, 뭐가 잘돼! 공부할 게 더 늘어났잖아!

이 시대에도 수학은 다양한 분야에 응용되었는데, 대표적 인물로 수학자이며 역학자인 헤론이 있다.

안녕하슈? 나 약속대로 다시 나왔슈~!

헤론
(BC 1세기경 활동)

헤론은 그때까지의 역학과 기하학의 다양한 지식을 소화하고 실용적으로 다시 엮어

소화하려면 먼저 엮어야지

기하학, 측량, 자동 장치, 하늘을 나는 기계, 원형 천장 등 다양한 분야를 섞어서….

후대에 많은 책을 남겼다.

현대에 남아 있는 것만 열네 종류가 된다고.

이렇게 정리해 놓은 것 중 '헤론의 공식'이 가장 유명하다.

삼각형의 넓이를 세 변의 길이를 가지고 쉽게 구하는 공식이유. 세 변의 길이가 각각 a, b, c인 삼각형의 면적을 S라 할 때

$$S^2 = s(s-a)(s-b)(s-c)$$

가 된다우. 여기서 $s=(a+b+c) \div 2$라우.

헤론은 이 공식을 자신의 책에 적어 놓았지만 자신이 만든 것이라 밝히지는 않았다.

그게 뭐 중요하우? 누가 만들었든 잘 쓰면 되지.

요즘하고 달라서 이때는 저작권도 없었는데, 뭐.

그래선지 그의 발명품에는 앞 세대 학자들의 것을 따라하거나 발전시킨 것들이 많다.

선조들의 업적을 이대로 묻어 버리긴 아깝다, 이 말 아니우.

그는 스트라톤 이후 실험 자연학의 전통을 이었다.

정말 많이 발전했군요.

그렇수? 히히히.

헤론은 기체나 증기를 이용한 흥미 있는 기계들을 많이 생각해 냈고

나는 공기가 압축될 수 있는 입자들이 흩어져 있는 것이라고 생각한다우. 재미있는 생각이지 않수?

비록 우리 시대 학자들은 여기에 관심이 없었지만.

흥!

가장 간단한 구조의 기계 다섯 가지를 이용해 역학을 설명했다.

지레, 바퀴 축, 활차, 나사, 쐐기 이 다섯 종류로

힘의 효과를 높이는 걸 충분히 설명할 수 있다우.

지레

바퀴 축

활차

나사

쐐기

여기 그가 역학을 응용해 만든 몇 개의 장치들을 소개한다.

먼저 이것은 '조준기'라고 부르지.

이 둥근 판의 아래위에 있는 나사와 톱니바퀴의 조절로 판을 수직, 수평으로 움직일 수 있게 만들어서

어떠한 각도에 놓아도 수평을 측정할 수 있도록 만든 장치라우.

이건 현대 경위의*의 조상인 셈인데, 워낙 정밀해서 고대에 발명된 기계 중에서도 손꼽힌다고.

그래서 울퉁불퉁한 물체의 넓이를 구하거나

★ 경위의(經緯儀) - 지구 표면의 물체나 천체의 고도와 방위각을 재는 장치.

터널 같은 걸 양쪽에서 팔 때 서로 정확하게 만날 수 있도록 해 준 편리한 기계였어.

아무리 가도 상대편이 안 나오는데?

또··· 이것은 동전을 넣으면 물이 나오는 '성수통'인데

??

신전에서 참배하기 전에 손을 씻을 때 성수를 나눠 주기 위한 장치라우.

자동판매기의 조상뻘 되지.

마지막으로 제일 중요한 걸 보여 주겠수.

이건 '증기구'라는 것인데, 세계에서 처음으로 만들어진 반동 터빈★이라우.

그러면 수증기가 생길 게 아니우? 그다음 수증기는 관을 따라 올라가서 구 속으로 들어가게 되고. 그래서 이 구는 회전할 수 있도록 하나의 봉에 꼬치구이 모양으로 꿰어 있단 말이우.

어떻게 작동하는 거냐 하면, 우선 아래쪽에 불을 지펴 증기관 속의 물을 끓인다우.

봉

구

배출관

구에는 서로 다른 방향으로 구부러진 두 개의 배출관이 있어서 구 안을 채운 수증기가 양쪽으로 뿜어져 나오면 그 힘으로 구가 구르기 시작한다우.

증기관

★ 터빈 - 높은 압력으로 뿜어져 나오는 액체를 날개 바퀴에 부딪치게 해 회전하는 힘을 얻는 기계.

헤론의 연구는 근대적인 수준에 도달한 기발한 것도 많았으나 사회에서는 환영받지 못했다.

이거 봐, 이거! 혼자서 움직이다니 대단하지 않수?

그래서?

으아아아! 그래서? 그래서라고?

이 시대에는 노예가 있어서 육체노동을 할 필요가 전혀 없었는데 기계에 관심이 가겠냐고.

잘 생각해 보슈.
만약 노예가 모자라게 되면
어떻게 할 거유?

노예가
모자란다?

그럼 할 수 없지, 뭐.
있는 노예들을
더 부려 먹는 수밖에….

더 열심히
일해라!

노예들이
반란을 일으켜
힘들 때도

노예도
사람이다

기계를 써 보려는
시도는 전혀
하지 않았지요.

결국 증기를 사용하려는 시도는 근대에 들어 노동자의 임금이
높아지고 나서야 있었다.

응?
월급을 달라는
대로 다
주다가는
남는 게 없고….

좋은 방법 없을까?
돈 안 들고 시키는 대로
불평 없이 부지런히 일하는….

글쎄….
노예도 아닌데
어떻게
그럴 수가….

아! 있어요, 있어!
옛날에 헤론이란
사람이 만든
증기구라고….

헤론이 만든 발명품들은 오랜 세월 동안 제 가치를
인정받지 못했다.

그러다 보니
장난감 같은
것에만
쓰인 거지….

역시 기술은
사회의 영향을 받아
발전하는군요.

내가 제일
싫어하는 말인데…

역시 학자는
시대를 제대로
만나야 해.

그렇죠?
그럼 이 시대와
잘 어울렸던
학자 한 사람을
소개해
볼까요?

스트라본은 누구보다 로마 정부를 믿었던 지리학자였다.

스트라본
(BC 64?~
AD 23?)

로마는
정말 멋져!

세계를 잘 다스리면서
평화를 유지하잖아.
정말 이건 신의
뜻이라니까!

나는 누구보다도
넓은 지역을
여행했다고
자부할 수 있지.

아, 그건 물론 로마의
도로가 워낙 발달한
덕분이지. 학자들이
여행하면서 조사하기엔
최고의 조건이었거든.

그는 에라토스테네스의 방법에 따라서 열일곱 권의
『지리학』을 저술했다.

응응.
입체를 평면으로 해서
위도와 경도를
사용한다, 이거지!

그러나 에라토스테네스보다 수학적 능력이 떨어져
구면을 평면으로 바꾸는 것이 정확하지는 않았다.

뭐… 이건 어차피
정치·군사에 쓰려던
지도책이었으니까….

그럴더라도 그가 쓴 방법과 그 안에 담겨 있는 내용은 매우
흥미로웠다.

지금부터
조사했던 걸
다시 보여
줄 테니
잘 봐 둬!

우선 내가 어떤 지역에
도착했다 치면 먼저…

우선
밥부터
먹읍시다!

각 지역에 있는 모든 사물들도 기록했지만

응응. 산이 두 개,
시냇물이 하나….

응, 그리고
넓은 평야도
있네. 면적은
얼마쯤 될까?

주민, 역사, 고고학에 대해서도 자세히 다루었고

이 마을엔
몇 명이나
사나요?

미인은
많은가요?

재미있는
전설은
없나요?

전통적인
음식은
뭔가요?

대지의 변화까지 다루어 지리학의 백과사전과도 같았다.

응응. 땅은 깎이기도 하고 솟구치기도 하고, 가라앉거나 갈라지기도 하고, 폭발하기도 하는 변화무쌍한 것이란 말이지.

에고, 빠졌다!

그는 지구가 매우 넓으며 어딘가에 미지의 대륙이 있을 것이라 생각했다.

그럼, 세상이 얼마나 넓은데…. 우리가 모르는 또 다른 세상이 있을 거라고.

또 아시아에 대한 기록을 남겨 중요한 자료가 되었다.

다 발바닥이 단단해지도록 열심히 돌아다닌 덕분이지, 뭐.

탕 탕

그러나 이 책은 아무 기준 없이 자료를 수집했기 때문에 단지 실용적인 교양서에 가까웠다.

로마는 교양서를 좋아한다니까.

그리고 난 그런 로마가 좋아!

또 다른 지리학자인 마리노스의 책 『지리학 입문』은 현재까지 전해지지 않았지만

마리노스
(2세기경 활동)

프톨레마이오스가 자신의 책에서 마리노스의 것을 많이 참고했다고 하여 후세에 알려졌다.

내가 당신 신세를 많이 졌지.

난 신세 진 건 꼭 갚는 사람이라네.

프톨레마이오스

고마워

마리노스는 『지리학 입문』에서 각 나라와 장소 이름을 적고 각각의 경위도까지 계산하여 넣었다.

8000개나 되는 지명의 경위도를

하나하나 계산해서 기록했지요.

또한 곳곳에 나타난 천문학적 특성까지 자세하게 기록했다.

각 도시의 일조량이나 태양의 움직임 같은 것도 다 기록했지요.

이렇게 천문학을 넣으면 지리학이 좀 더 과학적으로 보이지 않을까 해서 한 일이죠.

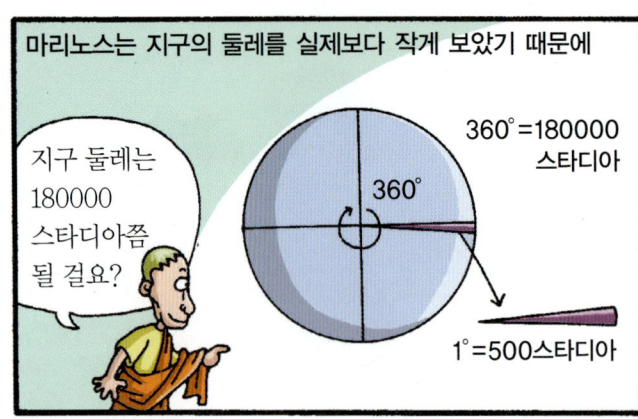

마리노스는 지구의 둘레를 실제보다 작게 보았기 때문에

지구 둘레는 180000 스타디아쯤 될 걸요?

360°=180000 스타디아

360°

1°=500스타디아

거리를 과소평가했고 그 결과 길이가 늘어날수록 오차가 커졌다.

그러나 그는 이전의 지리학자들에 비해

그냥

저냥

대충

아무리 직선상의 선을 긋는다지만 저렇게 대충 하다니….

상황이 바뀌면 그것에 맞게 계산도 달리해야 한다는 것을 분명히 알고 있었다.

언덕이라든가 길이 없다든가 해서

조금씩 늘어나거나 줄어든 것을 생각해서 계산을 해야지.

또한 입체인 지구를 평면으로 옮길 수 있는 '투영도법'을 개발하기도 했다.

지도 그릴 때 가장 큰 어려움은 둥글게 휜 면을 평면에 옮기는 것이죠.

투영도법은 공간에 있는 물체의 위치를 한 점에서 보면서 평면 위에 옮기는 방법이라고 할 수 있죠.

그리고 고대 천동설을 완성하는
위대한 학자가 등장한다.

프톨레마이오스
(85?~165?)

프톨레마이오스는 이집트 북부에서 태어나 주로
알렉산드리아에서 활동했다.

감히 왕 이름과 똑같아?

어느 모로 보나 내가 더 멋지지?

당시 알렉산드리아 왕의 이름도 프톨레마이오스 이니 나랑 혼동하지 말자고요.

천문학 말고도 여러 학문에
일가견이 있었던 그는

지리학

물리학

수학

수학을 이용해 해시계를 만들 수 있는
기술에 대한 책을 썼으며

제목은 '쉽게 배우는 해시계 만들기'로 할까 하는데….

점성술에 대한 책도 썼다.

4권의 책

이 책은 당시 널리 퍼져 있던
점성술의 영향을 받은 듯하나

요새, 꿈이 뒤숭숭 해서…

운명론의 입장을 취하지 않은 점이 매우 독특하다.

나는 천체 현상도 인간에게 영향을 끼치는 여러 자연현상 중 하나로 봤다네.

태양과 달이 지구에 미치는 영향에 주목한 거지.

그는 '시각'에 대해선 그리스 인들의 잘못된
믿음을 따랐지만

야, 그랜다이저다!

아냐, 태권V야!

여러 가지 실험을 통해서 시선이 직선으로 나아간다는 사실을 증명했고

시선이 직선이 아니라면 이렇게 휘어서 볼 수도 있다는 얘기지.

사과가 있군.

눈에 보이는 색은 그것을 보는 사람의 마음에 이미 존재한다는 독특한 주장도 펼쳤다.

음…. 저 꽃은 빨간색으로 보도록 하자.

보자! 빨간색 나와라!

또한 실험을 통해 빛의 굴절을 연구하여

왜 그런지는 모르지만 동전이 그릇 바닥에 있어서 보이지 않을 때

물을 조금 부으면 보이기 시작하더라고.

1662년에야 완전히 밝혀낸 '굴절 법칙'에 접근하기도 했다.

난 왜 그런지는 모르지만.

제가 대신 설명하죠. 그것은 빛이 공기를 통과할 때와 물을 통과할 때의 각도가 달라 비스듬하게 꺾여 보이기 때문이죠.

네덜란드 학자 스넬

또한 그는 사람이 사는 지역을 모두 모은 지도를 그렸는데

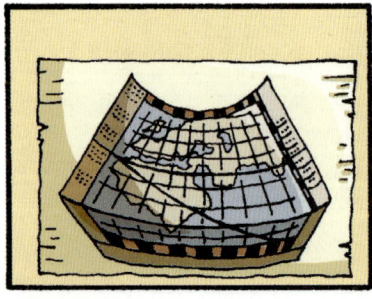

히파르코스의 투영법을 사용하여 둥근 지역을 평평한 종이에 옮기는 방법과

설마… 그 종이에 절 넣으려는 건 아니죠?

지역마다 위도와 경도를 표시하여 필경사들이 옮겨 그릴 때 이용하도록 한 점이 뛰어났다.

필경사란 직접 글씨를 써서 책을 만들던 사람을 말하죠.

그러나 그의 가장 뛰어난 저서는 역시 천문학에 대한 것으로

알마게스트

그때까지의 그리스 천문학을 처음으로 종합했고

더불어 자신의 독창적인 연구 결과를 모아 놓았다.

'가장 위대한 수학책'이라고 이름 붙인 이 열세 권짜리 저서는

그리스 어로는 이렇게 부르지.

나도 보여줘

메기스트 마테마티케 신타시스

아랍 어로 번역되어 『알마게스트』라 불리다가

너무 긴 이름인걸?

그냥 앞의 메기스트만 따서 부르자. 어차피 외국언데 뭐….

1175년 아랍 어 판을 다시 라틴 어로 옮겨 유럽으로 역수입되었고

아무리 찾아도 없어, 잉~.

울지 마. 우리 거라도 가져다 볼래?

그러게 잘 좀 간수하지

17세기까지 서양 천문학에서 절대적인 권위를 가졌다.

알마게스트

프톨레마이오스

그는 『알마게스트』에서 당시 알려졌던 다섯 개 행성의 불규칙 운동을 설명하고

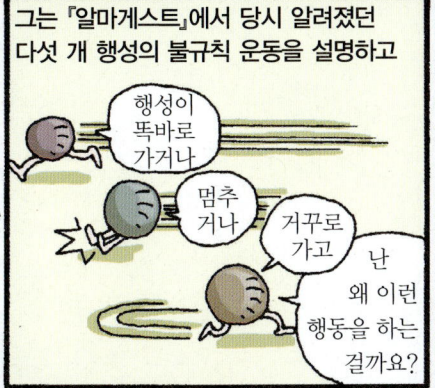

행성이 똑바로 가거나

멈추거나

거꾸로 가고

난 왜 이런 행동을 하는 걸까요?

행성의 밝기 변화를 설명할 수 있는 이론을 선보였다.

어제는 더 밝았던 것 같은데 이상하군.

나처럼 밥을 굶었나?

요즘 다이어트 중이긴 하지만…

각 천체는 지구를 중심으로 배열되어 있으며, 행성들은 우주의 중심으로부터 그린 원 (이심원) 위의 점을 중심으로 원운동을 한다.

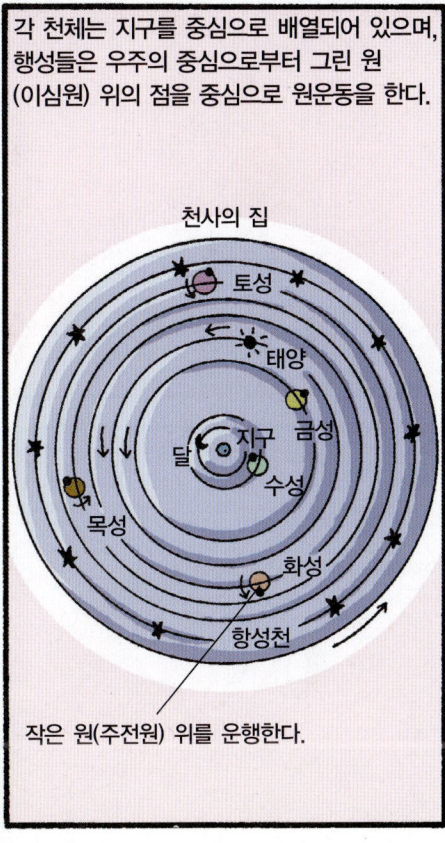

천사의 집

토성

태양

지구 금성

달

수성

목성

화성

항성천

작은 원(주전원) 위를 운행한다.

그의 이론을 보면 지구는 움직이지 않으며

중심이 움직이는 거 봤어?

잘난 척은…

태양계는 우주의 중심에서 비껴서 존재한다.

그러니까 내 말은 태양계의 중심…

하!

그는 관측 결과와 자신의 설명을 일치시키기 위해 에우독소스와 아리스토텔레스의 동심천구설을 과감히 포기하고

우리 기억 나요?

왜 접어?

아폴로니오스가 고안하고 히파르코스가 발전시킨 주전원과 이심원설을 선택했다.

이쪽이 관측 결과와 대충 맞으니까….

프톨레마이오스는 주전원과 이심원의 이론을 더 세밀하게 만들어 다섯 개 행성의 운행을 설명했다.

잘 측정해서 …

두 개의 주전원을 사용해 종원을 변형하고

결과적으로 행성의 궤도와 맞는 원의 형태를 만들어 낸다.

나의 수학적 능력엔 항상 감탄하게 된단 말이지.

분신술 쓰지 마요!

특히 달의 운동에 대한 연구가 뛰어났는데

이건 메소포타미아의 연구에서 도움을 많이 받았지.

일식과 월식이 언제 일어나는지 계산할 수 있을 정도였다고 한다.

그러나 그는 이 책을 수학적으로 완성하는 데만 신경을 써서 전체 우주에 대한 물리학적인 설명은 거의 하지 않았다.

그래서 떫으냐?

다만 히파르코스의 관측 자료를 정리하여 만든 1022개의 항성 위치와 밝기를 표시한 항성표가 지금도 귀중한 연구 자료로 쓰이고 있다.

아직 망원경이 없던 시대니까 맨눈으로만 관측한 별들이지.

얘네들은 크게 북쪽과 남쪽으로 나눈 뒤

북반구

남반구

별 하나하나에 황도 좌표를 표시하고….

넌 이쪽 줄 안으로 들어가라.

밀지 마!

왜 나만 혼자야!

난 이쪽 싫어!

그런데 어떻게 위치를 알았나요? 하늘에다 금을 그었나?

맞아!

그럼 내가 너희들을 측정할 때 썼던 기구들을 좀 보여 줄까?

내가 직접 만든 것도 있고 조금 바꾼 것도 있지.

우선 이건 '자오환'이라고, 자오선상의 태양의 높이를 측정하는 기구지.

정북
자오선
정남

자오선으로 측정을 해야 정확한 높이가 계산이 된단다.

그리고 이건 '삼변의'라고 하는데, 달이 자오선을 통과할 때의 천정거리를 측정하는 기구지.

천정
천정 거리
자오선

이건 '4큐빗 티오프트라'라고, 태양과 달의 겉보기 지름을 측정하는 기구란다.

네 허리둘레도 좀 재 줄까?

난 됐어요

마지막으로 이 기구는 '환상 아스트라본'이라고 하지. 계산에 필요한 각도를 직접 측정하는 기구로, '아스트롤라베'의 원형이지.

바로 이런 기구들로 천체의 높이나 각도, 겉보기 크기 등을 측량하는 거지.

그렇 군요 ….

그의 책에는 이치에 맞지 않는 것도 있지만 현상을 이해하려는 꼼꼼함은 동시대뿐 아니라 후대에서도 인정받고 있다.

이 확실한 내용! 정말 감동적이야.

그래? 나도 한번 읽어 봐야겠네.

왜 울어?

무슨 소린지 잘 모르겠어

선생님, 일반인들이 알기 쉽게 요약한 책도 좀 써 주세요.

그리고 사인도 좀…

봤지? 내 인기가 이 정도였다는 거 아냐.

95

이 시대에도 연금술이 있었다.

퍼어ㅇ

연금술은 고대 이집트에서 시작해 그리스, 아랍, 인도, 중국, 유럽까지 널리 인기를 끌었는데

첫 기록은 기원전 3세기에 있었는데

18세기까지 많은 사람들이 관심을 가졌지요.

사람들은 흔히 값싼 금속을 귀금속으로 둔갑시키는 사이비 과학으로 인식했다.

싸구려 금속으로 금을 만든다니, 무슨 헛소리야? 사기꾼!

사기꾼이라니? 설령 내가 잘못 만들어도 그게 금인지 아닌지 구별도 못 할 거면서.

거기다 제대로만 만들면 금이 생기는데 그걸 왜 마다하냐고?

금이라니까

그러나 그런 욕심 때문에만 연구했던 건 아니라고.

물질이 어떤 원리로 이뤄졌는지 알고 싶은 거야 모든 과학자들의 기본 욕망 아니겠어?

금의 구성원

더군다나 비금속은 불완전한 자아인데

금은 깨달음을 얻은 자아라고. 왜냐? 금은 늘 빛나기 때문이지.

비금속

금속

그러니 금을 만드는 방법과 원리를 사람한테 적용하면

사람도 깨달음을 얻을 수 있을 거라고 생각한 거지.

많은 사람들이 이런 이유로 연금술에 매력을 느껴 연구하고 발전시켰다.

금은 곧 힘!

영적인 깨달음!

이익!

……

뭔진 모르지만.

왕   교황   대장장이   염색업자   기계공

연금술의 기본 사상은 고대 그리스의 4원소설과 4기질설에서 유래한다.

불
뜨거움 / 건조
공기 / 흙
습기 / 차가움
물

아리스토텔레스는 모든 물질은 4원소로부터 생기고

이 4원소는 4기질을 얼마나 가지고 있느냐에 따라 성격이 바뀐다고 보았지요. 즉 불은 공기로, 공기는 물로 변할 수 있는 것이라고 생각했지요.

물질의 4원소 각각의 성질을 바꾸면 사물의 성질이 달라진다는 것이다.

금을 만들려면 물질의 구성 원소인 4원소의 결합을 풀어서

왕

잔

금과 같은 구성 요소로 바꾸면 된다는 얘기지요.

초기 연금술은 사상보다는 기술에 대한 순수한 관심에서 시작했고

이때의 문헌으로는 라이든 파피루스나 스톡홀름 파피루스 등이 있지.

주로 금속, 귀금속, 합금 등을 만드는 법을 다룬 내용들이었다.

당시만 해도 이렇게 만들어진 것이 가짜임을 분명히 밝혔다고.

가짜
가짜
가짜

그 후 이런 기술에 신비주의 사상이 섞이면서 하나의 분야를 이루었고

신비주의
기술

이론들은 어렵고 까다로워지기 시작했다.

종교인들이 전문 용어를 쓴다든가

남들이 알아듣지 못하도록 암호를 사용했지.

게다가 플라톤, 아리스토텔레스, 신(新)피타고라스 학파, 그노시스 파, 스토아 철학, 점성술, 주술 등 온갖 사상이 섞이다 보니 엄청나게 복잡해졌고.

또 상징과 우화적인 표현을 써서 더욱 어렵게 만들었다.

금속마다 인격을 부여하고

금속의 성질을 바꾸는 것을 생명의 탄생과 죽음, 부활, 영혼의 정화에 비유하기도 했죠.

화학적 변화는 굉장히 깊은 뜻을 담은 것이니만큼 대우주의 변화로까지 봤거든요.

연금술사들은 여러 가지 이유로 자신의 신분을 숨기기도 했는데

유명한 사람의 명성에 기대 보려는 욕심을 가졌거나

기독교 시대에 이단으로 몰릴까 봐 두려워했기 때문이지요.

가짜 데모크리토스

이시스

헤르메스 트리에기투스

유대 부인 마리아

여기 연금술에서 쓰는 '클레오파트라의 금 만들기'나 '태양을 먹는 사자'의 그림을 보자.

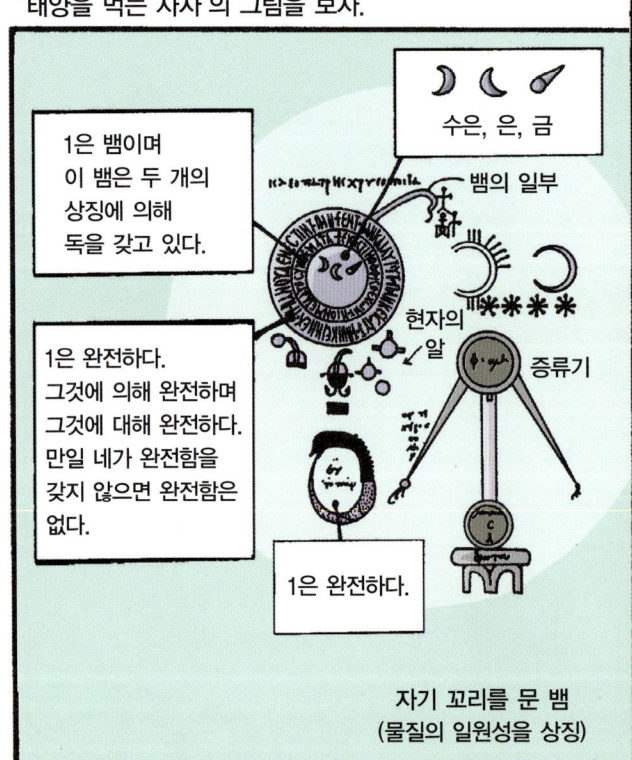

1은 뱀이며 이 뱀은 두 개의 상징에 의해 독을 갖고 있다.

1은 완전하다. 그것에 의해 완전하며 그것에 대해 완전하다. 만일 네가 완전함을 갖지 않으면 완전함은 없다.

1은 완전하다.

수은, 은, 금

뱀의 일부

현자의 알

증류기

자기 꼬리를 문 뱀
(물질의 일원성을 상징)

유황, 남성성의 상징으로 사자에게 먹힘(죽음)으로써 해방된다. 즉 비금속과 함께 변화한다.

녹색 사자

용어는 점점 어려워져서 나중에는 한 개의 금속에도 많은 이름이 붙었다.

수은의 경우 은의 물,
남성적 여성,
끊임없이 도망가는 것,

신의 물, 바다의 물,
달의 물, 검은 황소의 젖 등
여러 가지 이름이 있었지요.

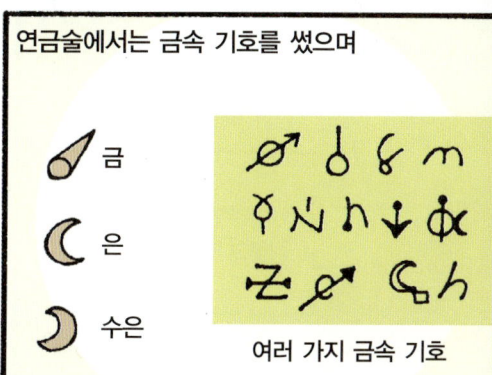

연금술에서는 금속 기호를 썼으며

금

은

수은

여러 가지 금속 기호

세 부분으로 나누어진 증류기를 사용했다.

머리
유출관
몸체
노
증류액을
받는 부분

유출관이 두 개나
있는 것도 있었죠.

연금술사들은 자기 나름의 방법들을
개발해 냈으며

달걀을 증류하여
황만 뽑아내 노랗게
만드는 데
사용했지요.

기구들도 효율적으로 개량해 지금까지 사용하고 있는
화학 실험 기구를 많이 발명해 냈다.

또 마리아라는 연금술사는 금속을 수증기로
처리할 수 있는 장치를 만들기도 했는데

공기를 순환시키는 장치로 '케로타키스'라고 했다.

문서에 남아 있는
것만으로는
어떻게 사용했는지
알기는
힘들어요.

이것이 테일러라는 사람이 추정한 케로타키스의 복원도이다.

② 유황의 증기가 금속에 침입하여 황화물이 만들어진다.

③ 침하물이 체를 거쳐 둥근 그릇에 고인다.

① 밑부분(노)에 유황을 넣고 불을 붙인다.

뚜껑

금속을 놓는 곳

체

유황과 반응한 침하물이 고이는 곳

가열된 공기가 빠져 나오는 곳

노

유황

이 시대 고대 화학과 연결된 연구 가운데 하나로 디오스코리데스의 연구가 있다.

디오스코리데스 (AD 1세기경 활동)

그는 로마 시대에 활약한 식물학자이자 약물학자이고 군의관이었다.

군의관님! 전쟁터에서 약초를 캐면 어떻게 해요?

위험 해요

그가 쓴 『약물에 대하여』 다섯 권은 그리스 인의 연구를 한데 모아 놓아 본초학★의 백과사전이라 불릴 정도였다.

국화과의 식물
냉증에 효과가 있으며 고약으로 하면 화상 끝에 생기는 염증에 효과가 좋다.

약 600종의 식물과 그것들의 약효를 설명한 책이지요.

단지 식물의 성질에 대한 해설이 아니라 화학적 입장에서 식물을 취급한 것이지만요.

★ 본초학-약으로 쓰이는 식물, 동물, 광물에 대해 연구하는 학문.

이 책은 고대 화학의 한 부분을 보여 주는데

수은을 추출하는 방법도 있었는데

이건 수은을 증류하는 기구를 추측해 그린 거죠.

15세기 이후까지 권위를 인정받았다.

다 내 식물들 덕분이지, 뭐. 고맙다! 애들아.

그리스의 의학은 로마에 많이 전해졌지만

호~, 의학이라? 무엇에 쓰는 물건인고?

로마 인들은 워낙 민간요법을 많이 써서 처음에는 의학을 쉽게 알릴 수 없었다.

무슨 소리여? 탈구는 주문으로 고치는 것인디.

암. 그리고 만병통치약인 양배추가 있는디 뭘, 또….

로마에서 그리스 의학이 갈 길을 찾게 된 것은 아스클레피아데스 때문이다.

카카카

아스클레피아데스
(BC 124?~40?)

그는 비티니아 출신으로, 처음엔 변론술과 철학을 공부하다가 의학으로 넘어왔다.

카카카! 내가 또 워낙 말도 잘하고 똑똑했잖아요.

그래서 정치가나 일반 민중들에게 인정받았지.

히포크라테스의 '체액설'이나 '자연의 치유력'에 반대한 그는 '원자론'을 끌어들여 새로운 생리학 이론을 주장했다.

생각해 봐요. 원자가 만물을 구성하고 있잖아요.

그러니 아프다는 건 원자에 뭔가 문제가 있다는 거고

원자의 상내가 바로 건강을 결정하는 거죠.

아프지 않게 치료해 줘요.

카카카! 걱정 마세요.

내가 로마에서 성공할 수 있었던 게 바로 그래서니까.

행복하고

빠르고

아프지 않은 치료!

로마 인들의 성격과 잘 맞아 떨어진다고나 할까.

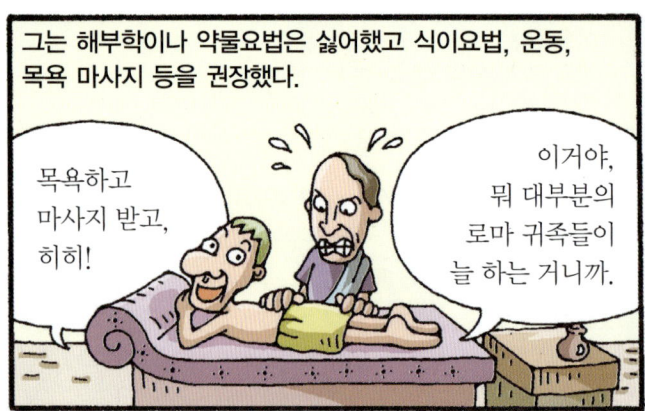

그는 해부학이나 약물요법은 싫어했고 식이요법, 운동, 목욕 마사지 등을 권장했다.

목욕하고 마사지 받고, 히히!

이거야, 뭐 대부분의 로마 귀족들이 늘 하는 거니까.

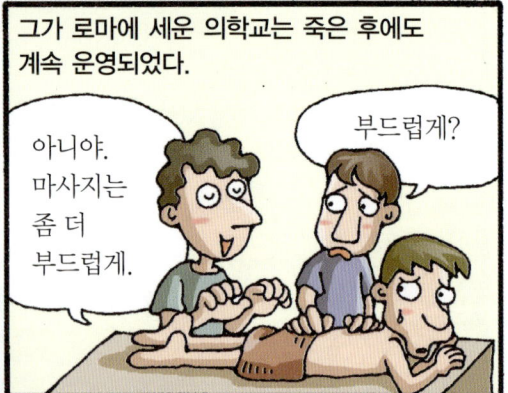

그가 로마에 세운 의학교는 죽은 후에도 계속 운영되었다.

아니야. 마사지는 좀 더 부드럽게.

부드럽게?

에페소스 출신의 루포스는 트라야누스 황제 시대의 해부학자 겸 의학자로서

루포스 (100년경 활동)

해부학과 맥박에 대한 책을 썼다.

인체 각 부분의 이름에 대해

인체 각 부분의 절개에 대해

맥박 요약

그는 헤로필로스와 에라시스트라토스의 이론을 바탕으로 했지만 스스로 동물 해부도 했다.

꿀

사람과 비슷한 원숭이나 돼지가 좋지.

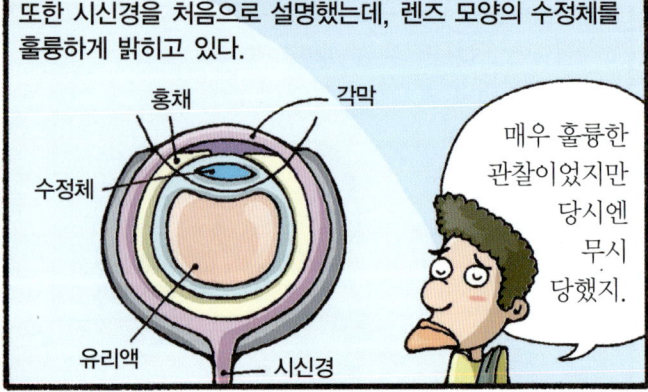

또한 시신경을 처음으로 설명했는데, 렌즈 모양의 수정체를 훌륭하게 밝히고 있다.

홍채

각막

수정체

유리액

시신경

매우 훌륭한 관찰이었지만 당시엔 무시 당했지.

루포스는 또 감각신경과 운동신경의 차이를 밝혀냈고

맥박과 심장의 고동은 심장의 수축 작용으로 일어난다고 했다.

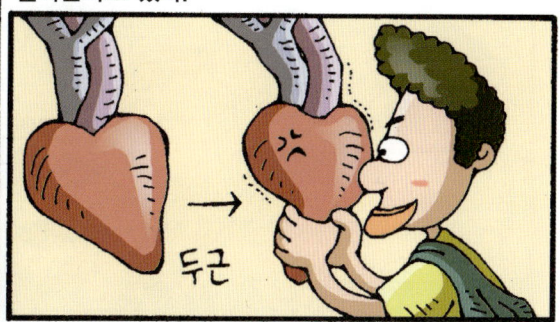

이어서 역시 에페소스 출신의 의학자 소라누스가 있다.

소라누스
(2세기경 활동)

그는 신체를 보면 모든 질병을 알 수 있다고 주장했다.

산부인과 의사로 고대에서 가장 오래된 인물인 소라누스는

산부인과, 소아과에 관한 책을 썼고

나는 애들을 좋아하거든.

많은 질병에 대해 자세히 설명했으며

어룰루루 까꿍!
울지 마라, 애야.
네가 아픈 건
코의 점막에
나쁜 게 끼었기
때문인데….

붕대 감는 법도 연구했다.

고대의 마지막 의학자 갈레노스는 소아시아의 페르가몬 출신으로

갈레노스
(129~199)

내가 바로 애 아버지라오.

그의 아버지가 꿈속에서 의술의 신 아스클레피오스의 계시를 받아 아들을 의사로 키웠다는 전설이 있다.

네 아들을 의사로 키우거라

너

'갈레노스'는 온화하다는 뜻인데

애지 중지

어유~, 우리 아들 똑똑하기도 하지. 너는 훌륭한 사람이 될 거야.

정말이야?

말을 잘하고 활발해 사람들이 좋아하기도 했지만

짝짝 부짝

그렇지, 그렇지. 역시 내 아들….

성격이 오만하고 야심차며 논쟁을 좋아해 결국엔 많은 사람들에게 미움을 샀다.

잘난 척이 너무 심한데?

가세, 가!

우리 아들이 좀 잘나긴 했지만 저렇게 드러내고 질투하다니…!

철학과 수학, 의학을 공부하고

이제 해부학을 시작하자.

뭐 이것도 식은 죽 떠먹기지

잘한다

알렉산드리아에서 의학을 익히며 9년을 머문 그는

꿀물 타 왔다. 공부가 힘들지?

힘들긴요. 저 같은 천재가 뭐가 힘들겠어요.

고향으로 돌아와 검투사들을 돌보는 의사로 일했고

창에 찔렸어!

질서를 지켜, 질서를!
우리 아들은 시끄러운 거
싫어한다고.

로마로 가서 아우렐리우스 황제의 궁정 의사로
지내기도 했다.

나보다 우아를
떨다니… 괘씸하다.

여기서도 사람들이
시기하는 바람에
4년 만에 떠나 왔다오.

스무 살부터 책을 쓰기 시작한 갈레노스는
많은 부분을 베끼긴 했지만

호랑이는
죽어서
가죽을
남기고

학자는 죽어서
책을 남기는 법.

그리스 의학을 한데 모아 방대한 양의 책으로 써서
높은 평가를 받는다.

물론 우리 아들이야
가만히 있어도 후대에서
알아주겠지만….

양으로도 질로도
따라올 수 없도록
만들겠다!

그는 동물을 해부해서 인체에서 일어나는
여러 가지 일들을 유추해 냈고

바보야!
이건 해부용이라고.
인체 해부는 못 하게
하잖아. 그러니까….

개나 산양, 돼지,
원숭이 등이 좋지.
사람과 비슷하거든.

갈레노스 씨가
고기를 아주
좋아하나
보지?

엥?
이 아까운 걸?

쉿

해부학을 발전시켰다.

뇌 속에
혈관 망이 있군.
이거, 꽤 중요해
보이는데….

이건 사람에게도
있지 않을까?

또… 원숭이 손은
모두 근육이지만

사람 손에는 힘줄도
깊이 있을 텐데….

꿀—

갈레노스는 먼저 생리학에서 히포크라테스의 4원소, 4성질, 4체액설을 받아들이고

혈액—불—여름
열
건
황담즙—공기—봄
흑담즙—흙—가을
습
냉
점액—물—겨울

이거 참 맘에 드는군요.

누구야?

이미 에라시스트라토스가 주장한 '정기(精氣) 개념'을 생명을 유지하는 중요한 과정이라고 설명했다.

제자야, 저 녀석 아주 건방진 거 같지 않냐?

자연 정기
생명 정기
정신 정기

좀 그렇죠?

저 같은 천재와 손을 잡았으니 오래도록 기억될 겁니다. 정말 잘 생각하신 겁니다.

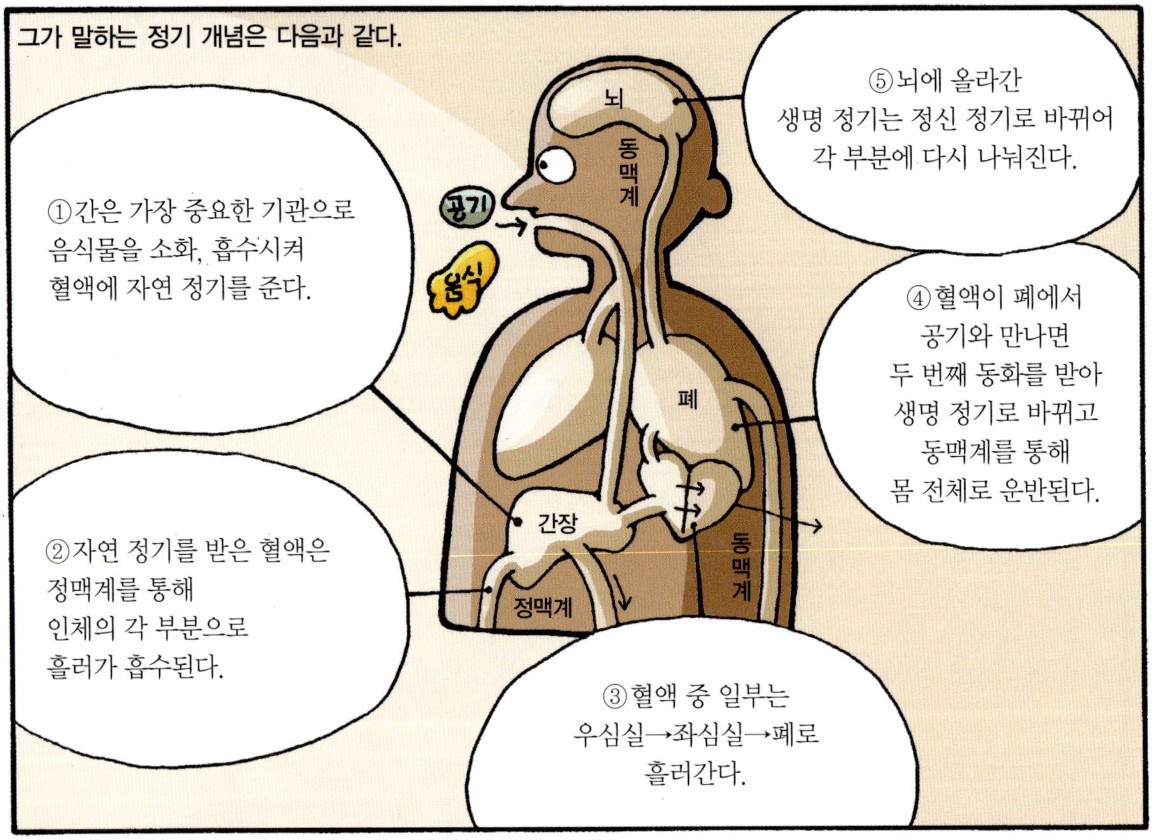

그가 말하는 정기 개념은 다음과 같다.

⑤뇌에 올라간 생명 정기는 정신 정기로 바뀌어 각 부분에 다시 나눠진다.

①간은 가장 중요한 기관으로 음식물을 소화, 흡수시켜 혈액에 자연 정기를 준다.

④혈액이 폐에서 공기와 만나면 두 번째 동화를 받아 생명 정기로 바뀌고 동맥계를 통해 몸 전체로 운반된다.

②자연 정기를 받은 혈액은 정맥계를 통해 인체의 각 부분으로 흘러가 흡수된다.

③혈액 중 일부는 우심실→좌심실→폐로 흘러간다.

뇌
동맥계
공기
음식
폐
간장
동맥계
정맥계

갈레노스의 생리학에서 가장 주목할 것은 혈액의 움직임에 대한 설명이다.

에… 정기에 대한 설명은 일단 됐는데

혈액이 계속 움직이는 건 뭘로 설명해야 되지?

동맥에서 정맥으로 정맥에서 동맥으로 지치지도 않고 끝없이 움직이는데….

애야, 밥이나 좀 먹으면서 고민해라. 몸 축나겠다.

마치 파도와 같이….

이것이 바로 갈레노스의 '혈액 간만설'이다.

그래! 혈액도 액체니까 파도가 된다고 해서 이상할 것이 없지 않은가?

혈액은 동맥에서 정맥으로 마치 파도가 치듯이 움직인다.

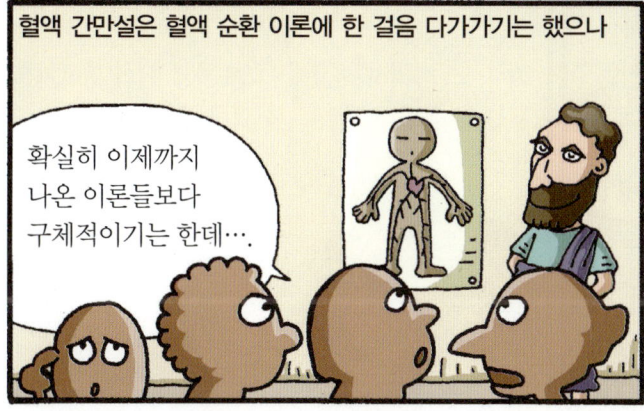

혈액 간만설은 혈액 순환 이론에 한 걸음 다가가기는 했으나

확실히 이제까지 나온 이론들보다 구체적이기는 한데….

갈레노스의 명성 때문에 이 잘못된 이론을 뒤집는 데는 무려 1500년이라는 시간이 걸렸다.

혈액 간만

결국 그는 혈액 운동에 관한 올바른 설명은 못 했지만

쉿~, 더 말하지 마! 얘가 보기보단 소심하거든.

처음으로 맥박을 진단에 이용한 점은 훌륭했다.

그럼, 그럼! 애야, 마음을 풀어라.

요관에서 방광으로 오줌이 흐르는 과정을 밝혀냈다는 것도 말해 주세요.

갈레노스의 의학은 17세기까지 큰 영향을 끼쳤는데

그토록 오랫동안 명맥이 이어진 것은 그의 목적론적인 생각 때문이다.

'목적론'이란 어떤 현상을 연구할 때 어떻게 이렇게 됐는가를 묻는 게 아니라

무엇 때문에 이렇게 됐는가를 밝히는 것을 말하지요.

예를 들어 '태양은 왜 존재하는가?'에 대해서 이야기해 볼 사람!

우리 아들이 대답한대요. 우리 아들!

나 찾으면 없다고 그래.

갈레노스 군, 대답해 봐요.

그야 인간은 태양 없이는 살 수가 없으니까 인간이 살 수 있도록 태양이 존재하는 거지.

그럼, 다리는 왜 있을까요?

그야 당연히 동물이 걷기 위해서지. 헤엄만 치는 물고기는 걸을 필요가 없으니까 다리가 없잖아?

그럼 인간은 왜 살 수 있어야 하고 동물은 왜 걸어야 하지요?

그게 바로 신의 뜻이거든. 신께서 그렇게 원하시니까 다 그렇게 된 거라고!

…….

갈레노스, 자네….

이러한 갈레노스의 목적론은 기독교와 이슬람교에서 환영을 받아

정말 마음에 드네.

제가 마음에 드는 것도 다 신의 뜻이죠.

고대 학자들 가운데 가장 많은 83권의 책이 전해질 수 있었다.

또한 고대 의학에서 이룬 업적은 천문학에서 프톨레마이오스의 업적에 견줄 만한 것이었다.

그럼, 그럼.

갈레노스를 마지막으로 고대 과학은 막을 내린다.

우리 아들이 마무리를 할 거예요, 우리 아들!

아버지, 잠깐만요. 조용히 좀 계세요.

고대 과학은 자연 속에서 살아남기 위한 싸움에서 싹텄지요.

신화 시대의 마술에서부터 그리스 헬레니즘의 과학들까지….

어떤 것들은 사실과 맞물려 추리했고

또 어떤 지식들은 사실과 전혀 상관없이 상상이나 논리만으로 나오기도 했습니다.

게다가 정치적, 사회적 변화가 있을 때마다 과학도 가치관이 변하는 등 여러 가지 영향을 받았고요.

그래서 아주 실용적인 지식부터

순수한 지식 탐구의 영역까지…, 고대는 모든 과학의 씨를 뿌렸죠.

그러므로 이 시대 과학 탐구는 너무나 혁신적이어서 배척받거나 잊혀진 것부터

화난다!

……

당시에는 훌륭한 발견으로 환영받았지만 오히려 그것이 진실을 밝히는 데 걸림돌이었던 것들도 많았죠.

아냐!

갈레노스가 ○○라고 했는데…

아리스토텔레스가…

말도 안 돼!

××가-

저도 그중의 하나…죠.

그러나 고대 과학사를 통해 배울 점이 정확한 지식만은 아니니까요.

그 시대 학자들이 어떤 방법으로, 어떤 실수를 해 가며 지금의 지식으로까지 이어져 왔는지 생각해 보는 게 더 중요하다고 봅니다.

으악

아 그거야

그리고 중세에 접어들면서 과학도 크게 변화하는 시기를 맞는데

중세 과학사로 다 함께 넘어가 봅시다!

나도 가자 이거야

인도

영적인 과학을 보여 주다

인도

인도 땅의 원주민은 피부가 검은 드라비다 족으로서

인더스 강 언저리에서 처음 문명을 일군 것으로 보인다.

인더스 강

여긴 적어도 기원전 2300년 이전에 세워진 유적이지요?

좀 더 발굴해 보자. 아~ 가슴이 두근거려!

이들은 모헨조다로와 하라파 지역이 발굴되면서 세상에 알려지게 되었다.

음…. 벽돌로 만든 하수도 같은 게 보이는데요?

이건… 뭐랄까? 굉장히 넓은 목욕탕 같은데…, 잘 닦은 길처럼 보이기도 하고요.

우린 정말 대단한 발견을 한 건지도 몰라. 우리 우선 인더스 문명이라고 부를까?

그러나 이들에 대해선 어떤 기록도 찾을 수 없었고…

아무리 찾아도 이름을 알 수가 없어요.

애초에 문서 같은 건 없었던 게 아닐까?

다 썩어 버리거나 해서 못 찾는 건지도 모르죠.

그럼… 계속 인더스 문명이라고 불러야겠군.

철기 문화를 지녔던 아리안 족은 목축을 주로 하던 유목민으로

막강한 무기에

말이 끄는 전차까지 가지고 있었다는 뜻이지!

정복한 원주민을 노예로 만들고 카스트라는 신분제로 사람들을 구분했다.

브라만 (성직자)

크샤트리아 (무사)

바이샤 (농민·상인)

수드라 (노예)

이 카스트 제도는 두고두고 인도인의 삶에 강한 영향력을 행사했다.

결혼 같은 중대사는 물론이고

식사조차도 다른 카스트하고는 하지 않았다고.

그리고 사는 곳도 다르지! 넌 수드라인 주제에 왜 여기 와 있는 거냐?

인도의 천문학

인도인들은 신에게 드리는 제사를 매우 중요하게 여겨서

신이 좀 많으요? 절하는 것만 해도 허리 아프구먼.

천문학은 제사를 차질 없이 지내기 위해서 생겨났다.

쉽게 말해서 제사 지낼 날짜를 정확하게 알아내기 위해서란 말이요.

그건 달력만 잘 만들면 되겠구면요.

이들은 달과 별을 관찰하여 1년이 360일인 달력을 만들었는데

역시 보름달에서 보름달까지의 기간을 잡는 게 좋겠지?

아무래도 날짜가 모자랐으므로

365.25 − 360 = ?##@!~

이를 보충하기 위해 5, 6년마다 한 달을 추가했다.

5년마다 한 달씩 덤이 생기는 거라오.

그럼 방학도 늘어나겠네!

인도인들은 우주를 세 부분으로 나누어 생각했고

지구

성계

천계

지구는 공 모양이며

누가 좀 잡아 줘요!

태양과 달, 행성은 거대한 소용돌이 바람이 일어
하루 한 번씩 돈다고 보았다.

이러한 별들의 운동은 모두 속도가 같아서 회전주기로
별 사이의 거리를 계산할 수 있고

회전주기가 길수록
지구에서 멀리 떨어져
있다는 말이지요.

별들은 태양과 달이 움직이도록 이끌어 주기만 한다고 생각했다.

빼빨리와

이쪽이야

비행기
유도등같이
말이지?

그래도
별자리표도
안 만든 건
너무했다.

당신 같으면
신호등 같은 것을
지도로 만들겠냐
그 말이오.

다섯 개의 행성에도 그다지 관심을
가지지 않았는데

소 닭 보듯…
그저 있으려니,
그저 반짝
거리려니
그저….

다만 일식을 설명하기 위해
가상의 행성을 두 개 설정한 점이 특이하다.

이름은
'라후'와
'케투'라고
하는데

태양의 길과
달의 길이 만나는
곳에 있다 이 말이요.
눈에 보이지는 않지만
이 행성들 때문에
일식이 생겨나지.

전반적으로 인도인들은 매우 실용적인
천문학에만 관심을 가졌으나

딴 별들은
알아서 뭐하게?
국 끓여 먹게?

예외적으로 몇몇 성운을 알아내기도 했다.

베가 ←

안타레스

스피카

알다뿐인가?
밝은 별은 이름까지
붙였는걸요.

베가, 스피카,
안타레스
등등….

120

인도의 천문학자들은 메소포타미아와 그리스의 천문학을 알고 있었으며

배워—

기원전 5세기 무렵 페르시아의 아케메네스 왕조가 우리나라 북서쪽을 침략했을 때 메소포타미아 천문학이 들어왔지요.

아마도 기원후 2세기 무렵에 그리스의 천문학과 점성학이 들어왔을 거고요.

그 영향으로 천문학자들은 태양과 달의 크기 및 거리를 재고자 했다.

그거 재서 뭐하게요?

이 사람아! 수치 계산을 다시 하늘에 적용시켜 보는 거야. 재밌지 않겠나?

인도의 천문학자 아리아바타는 이러한 계산을 해낸 대표적인 학자로서

히파르코스라… 재미있는 사람인데?

아리아바타
(476~550)

히파르코스의 방법을 바탕으로

그림자의 길이를 잰 뒤…

좀 천천히 말씀해 주세요.

지구에서 달과 태양의 거리를 계산해 냈다.

나도 지구에서 달까지의 거리는 정확히 쟀지만 지구에서 태양까지의 거리는 28배나 작게 쟀죠.

난 태양과의 거리가 10배 정도 작게 쟀는데 당신은 더 많이 틀렸잖아. 제자가 스승보다 더 뛰어나진 못할망정…, 쯧쯧.

아리아바타는 그 밖에도 지구가 날마다 돌고 있다고 주장했으나

많은 사람들은 이 내용을
받아들이지 않았다.

무슨 힘이 있어서
이 커다란 지구가
돈단 말이요?

음…, 저…
100마일 위
하늘에 있는
바람이 말이지….
나도 잘은
모르겠지만….

심증은 가는데
물증이 없군.

하하하

하하

아리아바타는 또 시대를 매우 길게 잡아 구분했는데,
이것은 인도 천문학의 또 다른 특성 가운데 하나였다.

옛날에
황금 시대라고 하는 때가
172만 8000년이나
계속되었지.

그다음엔 은의 시대.
이건 129만 6000년 동안
계속되었고

지금은 마지막인
철의 시대인데,
기원전 3102년 2월 17일 무렵에
하늘의 모든 행성들이 합쳐진
상태로 있었을 때 시작되었고

행성들이
다시 합쳐질 때
끝나는데, 그 기간은
43만 2000년이 되지.

이처럼 종교의 영향이 컸던 만큼

천문학자들과 수학자들은 큰 수를 다룰 수 있어야 했다.

10^{25}년 전에
우리
신께서…

바닷가의
모래알 수만큼
오래전에
우리
신께서…

계산 틀리면
큰일 난단
말이오.

날 믿어 봐!
도와주겠
다니까!

인도의
수학

인도의 수학은 처음부터 실용성에서
출발한 것으로 보인다.

하나,
둘,
셋…

모헨조다로와 하라파의 도시 유적에서는 수학이 시작되었다는
실마리를 찾을 수 있다.

어이~!
화장실의 가로 길이가
얼마였지?

엉덩이
가로 길이의
세 배였잖아!

인도인들은 10진법을 썼는데

1,000
100
10
1

손가락도 열 개
발가락도 열 개

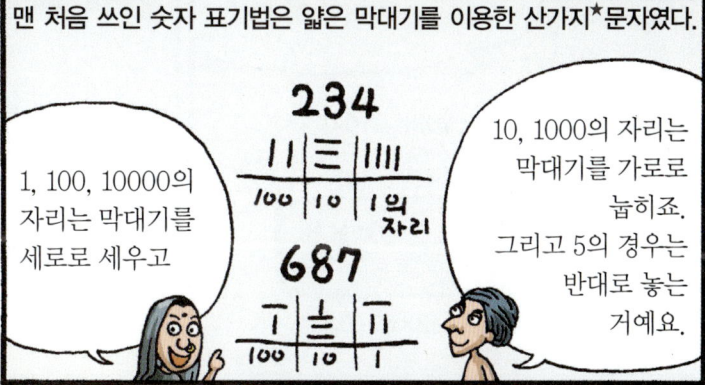

맨 처음 쓰인 숫자 표기법은 얇은 막대기를 이용한 산가지*문자였다.

234

687

1, 100, 10000의
자리는 막대기를
세로로 세우고

10, 1000의 자리는
막대기를 가로로
눕히죠.
그리고 5의 경우는
반대로 놓는
거예요.

★ 산가지─일정한 방식으로 배열하여 숫자를 헤아리는 막대.

이 산가지 숫자는 10의 자리마다 다른
표기를 하지는 않았지만

그래도
아무래도 너무
큰 수는 알아보기가
힘들잖아요.

일.십.백.
천.만.
………

10의 29제곱 같은 종교적인 개념의 큰 수들은
아예 단어를 만들어 표기했던 것 같다.

그럼그럼, 뭐…
계산할 일도 없으니까
아예 따로
다루는 게 좋지.

이러한 인도숫자가 지금의 아라비아숫자와 가까운 형태를 보인 것은 기원전 2세기경으로

아! 우리가 지금 쓰고 있는 숫자가 아라비아숫자라는 건 알고 계시죠?

인도숫자가 왜 아라비아숫자라는 이름이 붙게 되었는지는 조금 있다가 설명!

인도 수학의 큰 성과 중 하나인 자릿수 개념의 발전과 함께 이루어졌다.

자릿수란 일, 십, 백, 천, 만… 같은 수의 자리를 말하죠.

여러분이 워낙 아라비아숫자에 익숙하니 다른 숫자들과 비교하여 살펴봅시다.

자, 우선 이건 메소포타미아의 숫자 표기법입니다.

메소포타미아는 10진법과 60진법을 같이 사용했지요. 60 이하의 숫자는 10진법 개념으로, 60 이상의 숫자는 60진법으로요. 계산하기가 매우 까다로웠겠지요?

60^2의 자리   60의 자리   5의 자리

$(1 \times 60^2 + 12 \times 60 + 5 \times 1)$

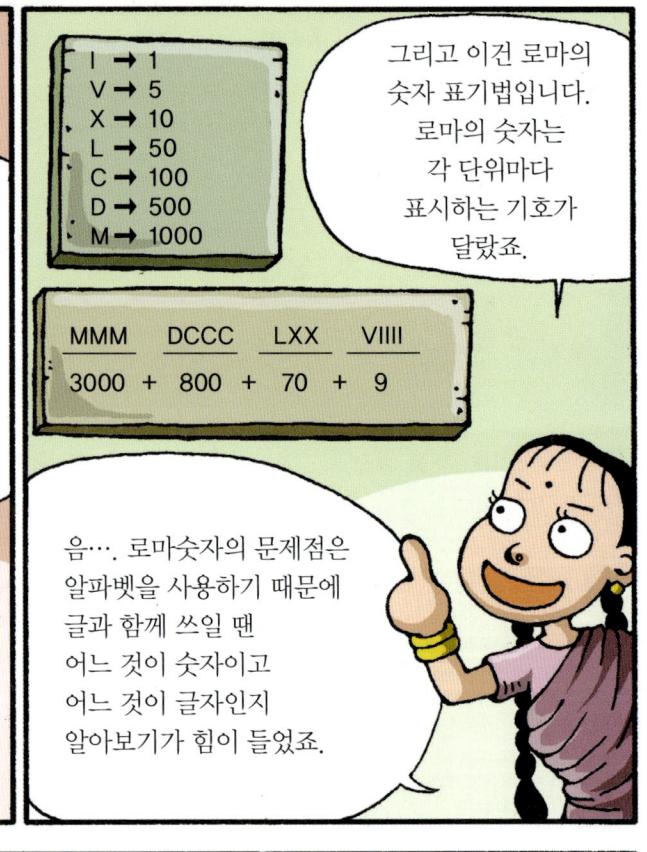

I →	1
V →	5
X →	10
L →	50
C →	100
D →	500
M →	1000

그리고 이건 로마의 숫자 표기법입니다. 로마의 숫자는 각 단위마다 표시하는 기호가 달랐죠.

MMM   DCCC   LXX   VIIII
3000 + 800 + 70 + 9

음…. 로마숫자의 문제점은 알파벳을 사용하기 때문에 글과 함께 쓰일 땐 어느 것이 숫자이고 어느 것이 글자인지 알아보기가 힘이 들었죠.

게다가 너무 큰 수는 끝없이 새로운 기호를 만들어 내거나 가장 큰 기호를 계속 나열해야 하는 문제점이 있었죠.

10억을 나타내는 기호가 뭐야?

몰라! 하나 만들까?

이제 더 써먹을 알파벳이 없는데 그럼 1000을 나타내는 M을 백만 번 써야 되나?

그러나 인도인들은 메소포타미아숫자와 로마숫자의 표기 방법을 알맞게 조절해 새로운 자릿수 원칙을 찾아냈죠.

1000의 자리	100의 자리	10의 자리	1의 자리
3	5	6	7
3×1000	5×100	6×10	7×1

즉 10진법을 사용하니까 모든 자릿수에 항상 일정한 단위의 수를 곱하면 특별한 기호 없이도 수를 표기할 수 있다는 거죠.

이 숫자 표기법에서 중요한 것은 순서지요. 한 자리만 바꿔 써도…

이렇게 큰 차이가 난다니까요.

정말 편리한 방법이네. 이렇게 자릿수를 잡으면 아무리 큰 숫자라도 쉽게 표기할 수 있겠어.

그런데 아직 문제가 하나 남았어요.

뭔데?

그건 모든 자릿수에 다 숫자가 있진 않다는 거예요.

예를 들어 사과가 700개와 3개가 있을 때 이것을 한번 써 보세요.

음…. 7…3? 어쩌지? 73이 돼 버리는데?

그 가운데 숫자가 비니까 잘못된 수가 나오지요.

자, 이 난관을 어떻게 극복할까요?

독자 여러분은 이미 눈치를 챘겠지만, 이 문제를 가지고 학자들은 몇 백 년을 고민했어요.

125

그래! 그 자리에 숫자가 없다는 걸 표시해 주면 되잖아!

딩! 동! 댕!

그리하여 마침내 새로운 기호가 하나 만들어졌지요.

바로 '0'이라고!

디자인 좋지~

'0'의 발견으로 인해 인도숫자의 자릿수는 아주 안정되고 쓸모 있어졌죠.

음, 그 밖에도 인도숫자의 장점으로는 쓰기 쉽고, 읽기 쉽고, 계산하기 쉽고….

잘한다! 좀 더 칭찬해 봐!

인도숫자는 9세기경에 알콰리즈미가 이슬람에 소개했고

이게 웬 떡이냐?

정말 쉽고 편한데?

이슬람은 다시 12세기에 유럽에 소개했지만

저 이슬람 사람들은 다들 계산을 빨리 하네? 머리들이 좋은가 봐.

저 사람들이 쓰는 숫자 덕분이라는데….

유럽 인들은 이슬람 인들을 꺼리는 면이 있어 아라비아숫자를 실제로 쓰기 시작한 시기는 16세기라고 한다.

아라비아숫자가 아무리 쉬워도 그렇지. 그 사람들은 악마의 자식들이라고.

그래, 자존심도 상하는데 쓰지 말자. 알았지?

이제 왜 아라비아숫자라고 불리게 되었는지 아시겠죠?

126

인도 수학은 전반적으로 기하학보다는
대수학에 가까웠다.

그들은 피타고라스의 정리를 알았고

소수점을 만들어 계산을 해냈으며

5세기경에는 삼각법과 구면삼각법에도 접근했다.

인도의 수학자 중 유명한 사람들은 거의 천문학자로서

천문학에 유용한 삼각법과
대수방정식을 발전시켰으며

이슬람 세계의 과학 발전에 많은 도움을 주었다.

인도의 의학

고대 인더스 문명의 경우 의학에 대해 남은 기록은 없지만

의학만 없나 뭐, 모든 기록이 없지.

그들이 남긴 도시 유적을 보면 위생에 매우 신경 썼다는 것을 알 수 있다.

의심할 수 없는 증거지, 암!

이 잘 만든 목욕탕과 하수도 시설을 보라고.

정복자인 아리안 인들도 의학은 매우 중요하게 여겼다.

중요하다뿐인가? 신성한 학문으로까지 여겼다니까.

치료에는 여전히 약초와 주문과 부적 의식을 함께 사용했지만

사용법이 너무 복잡한걸요?

이 약을 먹고 이 부적을 붙인 다음, 이 주문을 30번 외우면서 뒤로 춤을 추게나.

그들은 경험과 관찰을 통해 질병이 유전된다는 사실도 알아냈다.

혹시 콧물도 유전?

우린 그냥 감기 걸린 거야요.

음…, 대머리나 간질은 유전되는 병인 것 같은데….

때로는 계절의 변화로 생기는 질병이나

이제 곧 열병이 유행할 계절이구나.

몸 안에 있는 작은 것들 때문에 생기는 질병들도 생각해 냈다.

눈에 보이지는 않지만 당신 몸속에 꼬물꼬물한 그놈들이 병을 일으킨단 말이지.

으으~ 그만해! 생각만 해도 간지럽잖아!

또 꾸준히 새로운 발견들을 하여 2000년에 걸쳐서 『아유르베다』라는 의학 전집을 만들어 냈다.

이 중 가장 볼 만한 것은 내과를 다룬 『차라카 전집』과

외과를 다룬 『수슈루타 전집』 이지요.

2세기경에 만들어진 『차라카 전집』은 그리스의 영향을 받은 것으로 보이는데 생명 과정을 세 단계로 나누었다.

아리스토텔레스가 한 삼단논법처럼 생명 과정을 나누었지요.

공기와 담즙, 점액이 한데 어우러져 살, 지방, 혈액, 뼈, 골수, 점액을 이루는 물질을 만들지요. 이것들이 바로 인체를 지탱하는 서고요.

만약 이것들의 양의 조화가 깨지면 병이 납니다.

점액으로 유지되는 부분

담즙으로 유지되는 부분

공기로 유지되는 부분

따라서 병은 대체로 세 가지로 나눈다.

우선 '풍병'. 이것은 공기의 불균형 때문에 생기는데 주로 심장에 발생하는 병이고요.

'열병'은 간과 창자 속의 담즙질 때문에 생기는 병이죠.

그리고 '담병'은 점액의 불균형 때문에 생기는데 주로 위에 발생하지요.

5세기에 만들어진 『수슈루타 전집』은 소화 과정을 다루었으며

위장에 있는 불이 음식을 태워 혈액, 근육, 지방, 골수 등으로 바꾸는 거지.

앗 뜨거

내 모양이 달라졌어

121종류의 외과 기구를 설명했고

어디 있지? 칼…

빨랑 수술해 줘요~

근대 이전에 알려져 있던 외과 수술을 대부분 기록해 놓았다.

간단한 복부 수술부터 시작해서 백내장 제거나

잘린 혈관을 꿰매는 등의 어려운 수술도 했지요.

수술실

그 밖에 흥미로운 것으로는 모기에 의한 말라리아의 전염 기록이나

너냐? 말라리아를 옮기는 주범이?

애애~앵. 그건 기업 비밀인데 어떻게 알았우?

당뇨병 환자의 당뇨 배출 기록 등이 있다.

제법 훌륭했다고.

인도의 화학

인도의 화학은 처음에는 실용적인 분야에서 시작되었는데

여긴 시장 아닙니까? 여기 어디에 화학이 있다는 거죠?

어허~, 아직 공부가 부족하구나.

생활 도구들이 아무 이론이나 연구 없이도 만들어졌다.

이 도자기의 유약이나 여러 가지 염색

유리의 제조, 이것이 화학이 아니란 말이냐?

저 사람들 무슨 소리 하는 거니?

몰라. 선문답 하나 보지?

야금술*은 기원전 10세기경 시작되었는데

잘 좀 잡아 봐!

땅 / 깡 / 땅 / 깡 / 깡

★ 야금술-광석에서 금속을 골라내는 방법이나 기술.

기원후 4세기경에 이르면 주목할 만한 물건이 만들어진다.

녹슬지 않은 것이 우연인지, 아니면 대단한 기술력의 결과인지는 모르겠지만 비슷한 시기의 서양에서는 이렇게 큰 건 못 만들었으니까… 어쨌든 대단한 거죠.

이것이 바로 델리의 힌두교 사원에 있는 높이 7m에 지름이 30~40cm, 무게 6t이 넘는 쇠기둥이라우.

신기한 것은 1500년이 지났는데도 아직까지 녹슬지 않았다는 거지. 지금도 그 이유는 알아낼 수가 없다더군.

7세기경에 힌두교가 되살아나면서

더 이상 불교한테 눌려 살 순 없다고. 본때를 보여 주자!

우리 대표 선수 나와!

힌두교의 마술적 요소들이 퍼지는 가운데 연금술이 유행하기 시작했다.

불교 vs 힌두교

난 왠지 이기는 편이 멋져 보이더라.

마술이라… 신선한 경험이었어.

인도의 연금술은 다른 문명에 비해서 조금 늦었지만

아무리 중국이나 그리스의 연금술을 들여왔다고 해도

1000여 년이나 늦은 건 설명하기 조금 힘들지.

인도인들은 연금술에 열광했다.

이렇게 좋은 걸 왜 옛날에는 안 했나 몰라.

그러나 인도인들은 불사약에는 관심이 없었고 주로 금 만들기에 치우쳤다.

중국 사람들과는 가치관이 좀 달랐다는 얘기지.

알잖아! 우린 속세에 대한 고민은 별로 안 한다고.

죽음은 별로 두려운 게 아니거든.

인도 연금술에서 특이한 점은 수은과 유황의 상징이다.

수은과 유황은 남성, 여성의 원리지.

재미있는 것은 중국이나 그리스에서는 수은이 여성, 유황은 남성의 상징이었던 것과 반대로 인도에서는 수은이 남성, 유황이 여성을 상징했다는 거지.

인도의 유명한 연금술사로는 나가르주나가 있는데

나가르주나
(BC 1700년경 활동)

그는 일반적으로 쓰이는 수은도 다뤘지만

식물의 즙이나 광석 등도 연금술에 사용했다.

인도 사람들은 식물의 즙으로 광석을 녹일 수 있다고 생각했거든요.

그래서 인도에서는 광석이나 알칼리 약품에 대한 지식이 널리 알려져 있었다.

알칼리

알칼리

그러나 인도의 연금술은 11세기를 넘어서면서 마술로 치우쳐 더 이상의 발전은 없었던 것 같다.

수은

심지어는 수은을 불사의 약으로 사용하는 수은파라는 종교까지 나타났죠.

역시 종교의 나라야!

그 밖에 인도 연금술은 그리스 계통의 기구보다는 동아시아 계통의 기구들을 많이 사용했다.

인도의 물리학

인도인들은 자연의 현상을 설명하기 위해 '파라마누'라는 일종의 원자론을 생각해 냈다.

이 밥은 도대체 어떻게 만들어진 것일까?

그것도 몰라? 당신이 쌀을 씻어 불에 익혀서….

아닌가? 그럼… 농부가 씨를 뿌리고 벼를 키워서….

그런 게 아니고! 쌀알이 어떻게 이런 맛과 모양을 가지게 된 것일까? 그게 궁금한 거야, 나는!

이것 봐요. 쌀은 쪼갤 수 있잖아.

뭐~, 자긴 대단한 얘기 하나 했더니….

이렇게 쪼개고 쪼개고 쪼개고 쪼개면… 더 이상 쪼개지지 않는 쌀의 성질을 가지는 어떤 것이 있을 텐데 말이지.

흐음.

파라마누는 처음에는 먼지 같은 것을 설명하는 개념으로 쓰이다가

그럼 아주 쬐그맣겠네? 눈에 잘 보이지도 않는.

그래. 잘 안 보이지만 분명히 있는 어떤 것이지. 저 햇빛 속에 간신히 보이는 작은 먼지처럼.

기원전 5세기경 아지타가 처음으로 이론화한다.

자연계에는 흙, 바람, 물, 불, 공기라는 다섯 가지 요소가 있지요. 자! 한번 찾아보세요.

아지타
(BC 1400년경 활동)

134

이 네 가지 요소로 만물이 만들어지지요.

흙, 물, 바람, 불은 공기 안에 존재하고

너 우리거 봤지?

음, 어디서 많이 들어 본 얘기 같은데?

아지타의 이론은 후대에 더 가다듬어지다가

아무래도 베낀 것 같아, 그치?

에~잇! 시끄럽네, 정말!

원자론

기원후 2세기에 이르면 원자론의 형태가 갖추어진다.

인도의 원자론은 그리스 원자론에 비하면 엄청나게 자세하다고.

뭐, 종교마다 원자론에 대한 발상과 해석이 다를 정도니까.

원자론

앞에 나왔던 네 개의 원소는 하나하나가 더 이상 나눠지거나 소멸되지 않으며

단단하다! 영원하다!

맛, 냄새, 감촉, 색 등의 속성을 지닌다.

나만의 향기!

나만의 색깔!

원소들은 서로 비슷한 것끼리 조합되며

어이, 친구! 합체!!

이건 차별이야!

이렇게 합쳐진 원자는 이중원소★라는 덩어리가 되어 효과를 일으키지요.

너어~

★ 이중원소(dyad)-(한 단위로서의) 둘. 2개 군, 다이애드.

135

이중원소 셋이 모이면 또 다른 삼중원소★가 형성된다.

또 합체!!

업그레이드!!

그리고 이 삼중원소는 효과를 발생시키고 그 효과에 흡수되어 다시 원인으로 작용하며, 이 순서는 계속 이어져 물체를 만들어 내지요.

★ 삼중원소(triad)-3인조, 세 개 한 벌. 3가 원소, 트라이애드.

효과가 처음에 어떻게 배열되었는가에 따라 물질마다 다른 성격이 결정되는 거지요.

뭔가 잘못 붙었는데. 잘못 붙은 놈, 누구야?

제자리 못 찾아가?

보리가 돼 버렸잖아! 쌀이 돼야 한단 말이야!

재미있는 것은 자이나 교★의 원자론인데, 그들은 '시간의 원자'라는 개념을 생각해 냈다.

시간은 연속적인 것이 아니라

다만 시간의 원자가 모여 있는 것이라는 말이지요.

0.1초 0.1초 0.1초 0.1초 0.1초 0.1초 0.1초

★ 자이나 교-기원전 6세기경 발생한 종교로, 불교와 함께 인도에서 영향력 있는 종교의 하나이다.

그리스의 원자론과 인도의 원자론은 서로 다른 점이 있는데…

이 푯말 기억나시죠? 그리스의 원자론은 모든 걸 원자로 해결하려는 성격이 강했고요.

무조건 원자

인도인들은 보이지 않는 곳에서 원자들이 이런 작용을 한다고 무조건 밀어붙이기보다는 좀 더 자세한 설명을 해야 한다고 생각했지요.

즉 눈이나 감각으로 받아들인 것들을 꼭 설명해야 한다고 본 거죠.

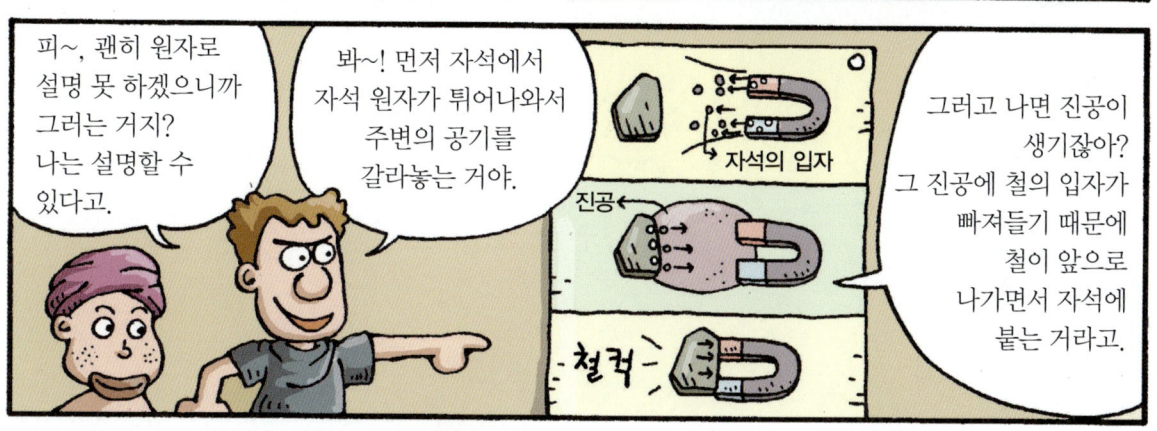

5

이슬람

고전을 보전하고 착실히 연구하다

이슬람

황량한 광야에서 방랑하던 가난한 유목민이던
이슬람 인들이

겨우 100여 년 만에 넓은 이슬람 제국을
세우게 된 배경은

페르시아와 비잔틴의 오랜 전쟁의 여파가 컸다.

이 대상들의 행렬은 자연히 사막 지역을
활기 있게 만들어 주었으며

이 활기 속에서 강력한 지도자인 마호메트*가
등장하여

종교와 정치의 지도자로서 이슬람 인들을 하나로
뭉치게 했다.

★ 마호메트-이슬람교의 창시자. 이슬람 어로는 무하마드.

이슬람은 곧 다른 나라를 정복하기 시작했으며

이슬람이란 말은 신에 대한 절대 복종을 뜻하지만 이슬람교도들을 일컫기도 하지.

우리가 통일해서 생긴 이 큰 힘을 어디에 쓰겠어?

그나마 큰 제국이던 비잔틴과 페르시아가 자기들끼리 싸우다가 힘이 다했으니 누가 우릴 막을쏘냐?

그들은 거칠 것 없이 정복지를 넓혀 갔다.

몰라. 오랫동안 비싼 세금 내랴, 전쟁 하랴 우린 지쳤다고. 누가 지배하든 우린 상관없어.

그리고 이슬람을 환영하는 사람들도 많았거든. 세금도 싸고, 문화 면에서도 너그러웠으니까….

와 와ー

이슬람 인들은 점령지의 민족에게 너그러웠으며

그러니까 이슬람교도가 되기 싫다 이거야? 이거 되게 좋은 건데… 하지만 싫음 할 수 없지, 뭐.

호기심도 많아 그들의 문명을 배우고자 노력했다.

근데 이건 뭐야?

어? 긴장 풀라니까! 근데 이건 뭐지?

143

게다가 코란★이 이슬람교도들의 평등을 보장했기 때문에

많은 학자들이 기독교의 영향력을 피해 이슬람으로 모여들었다.

공직은 거의 세습되지 않고

능력만 있으면 누구나 높은 자리에 올라갈 수 있지.

갈 데 없으면 우리한테 와! 우린 공부 잘하는 사람 환영한다고.

고마워~.

★ 코란 — 이슬람교의 경전.

왕—칼리프★들은 학문을 장려했고

우리를 받아 주셨으니 그리스 책들을 번역해 드리지요.

그거 좋지. 점령지에서 가져온 책들은 많은데 읽을 줄을 몰라서….

그렇지! 전문 연구 기관도 지어 줄 테니 열심히 해 보라고.

★ 칼리프 — 정치와 종교의 권력을 아울러 갖는 이슬람 교단의 지배자를 이르는 말. 이슬람 어로 '상속자'를 뜻함.

이슬람의 학문은 크게 피어났으며 고대를 보전하여 중세에 물려주는 창구가 되었다.

고맙지, 뭐!

우리 아니었으면 그리스 과학은 사라졌을 거야. 그리고 르네상스도 없었겠지.

지혜의 집

이슬람 교리는 기독교에 비해 사람들의 사고를 훨씬 덜 억눌렀기 때문에

눈 감아! 귀 막아!

……

634년에서 750년에 이르는 기나긴 전쟁이 끝난 뒤에는

이 시기 용병 집단 출신으로 영토 확장을 주도하던 우마이야 왕조가

평화와 기술을 중요시하는 아바스 왕조로 교체되었고, 우마이야 왕조는 코르도바로 밀려나면서 평화가 왔지요.

이슬람의 지도자들조차도 코란이 허용하는 범위 내에서 이방의 문화들을 열심히 탐구했다.

예언자 마호메트께서도 죽을 때까지 지식을 탐구하라고 하셨거든.

여기 인도랑 페르시아 천문학 1인분 추가요!

그리스 수학도 추가!

수도 바그다드에는 조로아스터 교★, 유대교★, 기독교 출신 학자들이 차별 없이 등용되었다.

하이고. 정말 가지각색의 인종들이구먼.

와글 와글

그래도 공통점은 있어. 바로 이슬람 어로 번역하고 책을 쓴다는 점!

아바스 왕조의 7대 칼리프 알마문은 813년 왕위에 올랐는데

★조로아스터 교-불을 신성시하고 유일신을 섬기던 고대 페르시아 종교.　★유대교-절대적 유일신인 야훼를 섬기는 이스라엘의 민족 종교.

철학자이자 신학자였던 그는 이슬람교도들의 '무타질 운동'을 지원했으며

이슬람교도들의 학문 운동이었던 '무타질 운동'은 토론을 하면서 신앙과 교리를 연구하는 것이었지.

논리적이고 자유로운 토론

그리스적인 논리에 바탕을 둔, 즉 이성과 논증을 중시했던 운동이죠.

이런 분위기 속에서 그리스 학문에 대한 갈증을 더 느꼈다.

좀 더 다양한 메뉴를 달라-!

알마문은 학자들의 요구를 해결하기 위해 '지혜의 집'을 세워서 그리스 어 번역을 학자들에게 모두 맡겼다.

플라톤의 아카데미랑 비슷하게 만들자.

그는 비잔틴 제국의 허가를 얻어 그리스 원전을 구하기 위해 대사를 파견했으며

우리한테 없는 걸 싹싹 긁어 오너라!

눈에 불을 켜고 찾아오겠습니다.

책을 번역하기 위한 여러 가지 장려금을 주었다.

학자들은 좋겠다, 그치?!

이슬람 인들이 그리스 학문에 쉽게 열광하고 동화한 원인으로는 그들이 학문적으로 융통성이 있었던 점도 있으나

유목민 시절에 이미 무역이나

안 가는 데 없이 돌아다녔으니까…, 당연히 그리스에도 숱하게 가 봤고….

용병 참여 등으로 그리스·로마 문화에 익숙했던 것도 이유이다.

용병으로 가서 싸움만 한 게 아니라고. 공부도 좀 했걸랑.

지혜의 집에서 번역한 책들은 대부분 과학과 철학 분야였으며

우리가 뭐, 그리스의 역사를 관심 있게 봤겠어?

우리 문학만 해도 신화나 전설이 많아서 희곡이나 시가(詩歌) 같은 건 별로 번역할 필요가 없었다고.

그 유명한 아라비안나이트 기억나지?

이 시기의 유명한 번역자로는 후나인 이븐 이샤크가 있다.

후나인 이븐 이샤크 (807~877)

그는 많은 사람들과 함께 주로 그리스 과학 저서를 번역했다.

주로 갈레노스, 히포크라테스, 에우클레이데스, 아리스토텔레스 등의 책으로 백여 권이 되지.

그는 시리아 어★ 번역이 있을 때는 그것을 사용했지만 그리스 어와 엄밀히 비교했다고 한다.

시리아 어를 이슬람 어로 번역하는 게 빠르긴 하지만 정확해야 하니까.

이런 방법은 아주 근대적인 문헌 비평 방법이라고.

★시리아 어-기원전 8세기 이후 북부 메소포타미아에서 국제 통상 및 외교 용어로 쓰던 언어.

후나인 이븐 이샤크와 견줄 만한 또 한 사람의 번역자로는 사비트 이븐 쿠라가 있다.

사비트
이븐 쿠라
(836~901)

수학자이기도 한 그는 포물선이나 회전포물선의 면적을 구하는 연구를 했고

바그다드에 번역 학교를 세웠으며

사비트 이븐 쿠라
번역 학교

제자들과 함께 그리스 과학서의 번역과 연구에 전념했다.

주로 아폴로니오스, 아르키메데스, 에우클레이데스, 테오도시우스, 프톨레마이오스의 책들이지.

특히 아폴로니오스의 원뿔곡선론은 이슬람 어 판본만 남아 있는 아주 귀중한 자료라고.

알마문은 그 밖에도 829년에 천문대를 세워

학자들로 하여금 외래에서 들어온 천문학 이론을 확인토록 했다.

이 책의 내용이 사실이냐?

그런 것 같네요.

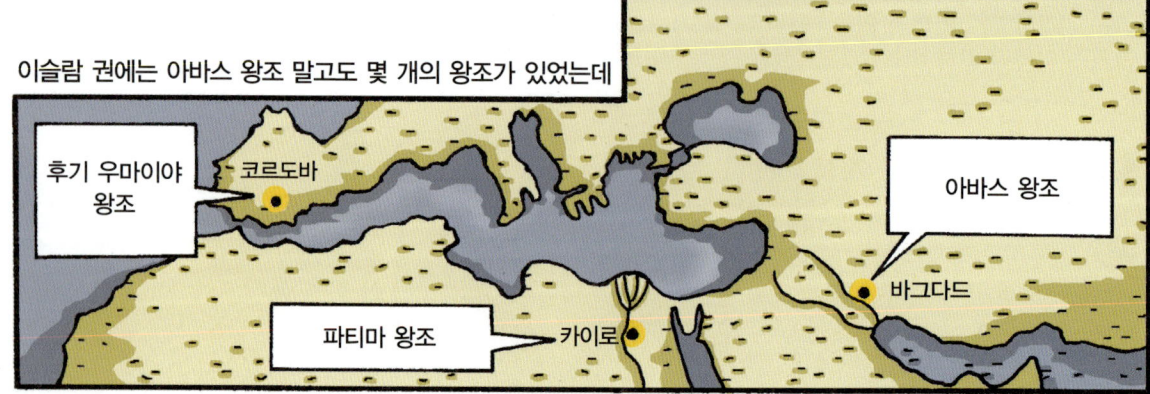
이슬람 권에는 아바스 왕조 말고도 몇 개의 왕조가 있었는데

후기 우마이야 왕조

코르도바

아바스 왕조

바그다드

파티마 왕조

카이로

이 왕조들은 모두 수도에 학술 연구 기관과
도서관을 세웠으며

이러한 지원 속에서 이슬람의 과학은 중세 최고의
수준으로 발전했다.

이렇게 밀어주는데
훌륭해지지 않고
배기겠어?

이슬람 인들의 학문은 그리스 저작의 번역과
보존에 그치지 않았고

그것들을 꼼꼼히 재해석하고 발전시켜

어?
이거 계산
틀렸다.

옥의 티 발견!

후에 이것들이 다시 유럽에 전해졌을 때
많은 영향을 끼쳤으며

서양 과학 대부분에
이슬람의 영향이
많이 남아 있지요.

우리가 많이 쓰는
알코올이나 알칼리 같은
용어는 이슬람 어에서
유래된 것으로

세계 3대 발명품을 중국에서 유럽으로 전하는 등 동서 문명의 교류자 역할도
훌륭히 해냈다.

유럽에 전해져
세계의 문명과 역사를
변화시켰죠.

3대 발명품이란
나침반, 화약, 종이인데
중국에서 발명됐고

이슬람의 생물학

이슬람의 생물학은 그리스, 페르시아, 인도 등의 영향을 받았고

그중 특히 식물학은 주로 의학이나 농업에 응용해 실용적으로 쓰였다.

식물 구분은 우선 먹을 수 있는지 없는지를 따졌고

재배할 수 있는지 또는 약으로 쓸 수 있는지 없는지도 중요하지.

서식지, 생태, 모양 그런 것들도 중요하겠지만 말이야.

이러한 입장에 충실하게 쓰인 책으로는 10세기 초 이븐 와흐시야가 쓴 농업서가 있고

『나바테아 농서』라는 책으로, 농업과 미신에 대해 쓴 책이에요.

12세기 후반에 이븐 누르 왕캄이 쓴 『농업서』와

음…, 이건 588종류의 재배식물을 적은 책으로 이슬람 어로 쓴 최고 식물서 중의 하나지.

13세기 초에 이븐 누르 바이타르가 쓴 『약초집서』라는 책이 있다.

이 책은 다마스커스의 왕에게 바친 책인데

무려 4100종류의 약물을 분류하여 적었지요.

그러나 이런 식물학의 실용적인 입장을 반대하는 쪽도 있었는데

남들과 똑같은 건 참을 수 없지!

누군 뭐 안 그런가?

하나는 역사학자인 알디니와리가 9세기에 쓴 『식물의 서』이고

역사학자인 만큼 역사를 다뤘고

철학과 함께 식물에 관한 사실을 자세하게 실었지요.

또 하나는 983년에 순결 형제회에서 펴낸 연구서이다.

우린 정치, 철학, 종교를 위한 비밀 모임이었다고!

기억해 둬

기독교, 시리아, 인도, 그리스의 모든 지식을 담아 연구서를 지은 순결 형제회는

절충은 아무나 하나? 아는 게 많아야 하는 거라고.

거 라고

연금술과 신비 과학을 따랐고

우주는 정말 신비로워! 이 비밀을 풀려면

풀려면?

스스로가 자연과학을 파악해야 한다고 생각하여

먼저 많이 관찰하는 게 순서겠지?

그럼! 그럼!

식물의 구조와 형태, 생장을 연구하고

줄기의 구조라…. 이렇게 생겼군.

와! 그렇구나

52편의 논문으로 구성된 백과사전 가운데 17편을 자연과학에 대해 다루었다.

그 밖에도 수학, 논리학, 형이상학, 신비론, 점성술에 대한 논문들이 있지만

가장 유명했던 것은 역시 식물의 생장과 형태학에 대한 연구였지요.

동물학의 경우 워낙에 가축들의 생태와 행동에 대한 경험이 많았던 이슬람 인들은

더 말해 뭐 해? 가축이 전 재산 이었는데.

8세기경에는 주로 낙타와 말에 대한 책들을 많이 썼다.

낙타 하면 또 내가 일인자지!

우선 아는 것부터 쓰고 보자!

거기에 이슬람교는 동물을 종교적인 상징으로 주로 보았기 때문에

동물은 인간과 운명을 함께하는 존재이고

신의 지혜나 인간의 의무 등에 대해 교훈을 주는 존재거든요.

너 공부 좀 해라

종교 문헌에서도 동물을 자주 다루었다.

뭐… 대부분 교훈적 상징이기는 하지만 정말 동물의 생태를 알지 않고는 못 쓰는 그런 문장도 많이 나오지요.

대체로 이슬람에서는 동물학이라는 관점이 따로 없었기 때문에

뭐, 동물학뿐 아니라 식물학도 마찬가지였지만….

동물학 책들은 대개 백과전서의 성격을 띠었다.

13, 14세기로 갈수록 동물학의 비중이 큰 백과전서들이 나타났지요.

백과전서 작가들은 다른 나라의 동물들까지 아주 객관적으로 설명했다.

이런 동물은 본 적 없는데…

인도에 사는 동물 이래.

때로는 아리스토텔레스의 분류법에 따라
동물 종류를 나누기도 했고

동물의 서식지나 번식 방법 그리고 감각 등을 적었다.

이들 백과전서에는 내장을 해부하는 기술 등도
적혀 있으나

대부분 동물의 형태는 '신의 설계'라고 결론 내린
경우가 많다.

특이한 저술로는 운동 방식에 따라 동물을
네 가지 범주로 나눈 책이 있다.

11세기의 이븐 시나와 12세기의 이븐 루슈드는 똑같이 정맥에 대해 다루었다.

이븐 시나

둘 다 의학자였고, 아리스토텔레스를 좋아했지만

생리학 분야까지 나아갔다는 데서 이븐 시나가 좀 더 뛰어나지요.

이븐 루슈드

13세기에는 알카지니가 방어 수단을 기준으로 새롭게 동물을 분류했고

난 이빨로 나를 지켜요.

난 빠른 다리로….

난 바늘을 이용해서….

흠흠…, 재미있구나. 또 다른 건 뭐 없을까?

14세기에는 알파리시가 이슬람 동물 저작의 대표작을 썼다.

이전의 모든 연구를 종합해서

요약본까지 만들었지비.

이 책은 사실적인 내용뿐 아니라 종교적인 내용까지 담고 있었기 때문에

매우 인기가 있었고 페르시아 어나 터키 어로 번역되기도 했다.

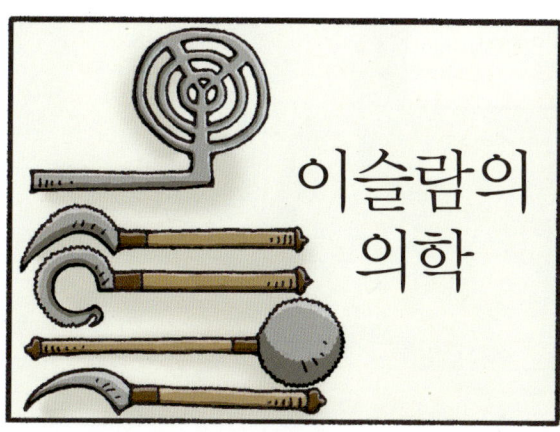

이슬람의 의학

이슬람에서는 의학이 매우 발전했는데 그리스 의학을 많이 배워 왔기 때문이기도 하지만

갈레노스, 에라시스트라토스, 헤로필로스 등….

통치자들이 자선 사업으로 설립한 병원들이 발달했던 게 더 큰 이유이다.

이슬람에는 적어도 서른네 곳의 대형 병원이 있었는데

이 병원들은 굉장히 현대적으로 구성되었죠. 각각 질병과 증세에 따라 병동들이 나뉘었고

약국과 도서관이 있었습니다.

설사병

약국

도서관

외과

눈병

꾀병

의료 면허증은 시험에 붙은 사람에게 수었고, 외부 치료사들도 정기적으로 감독을 받았지요.

환자들은 퇴원할 때 금화 다섯 개를 받았지요. 다시 일할 수 있을 때까지 지낼 수 있도록 말입니다.

일종의 의료보험 같은 것으로 매우 선진적인 제도였다지요.

병원의 발달 덕분에 의사들은 수많은 관찰과 경험을 할 수 있었고,
이로써 자연스럽게 의학의 발전이 이루어졌다.

알리 앗타바리는 칼리프의 궁전에서 살면서
의학 백과전서를 썼는데

오늘은 얼마나 쓰셨나요?

예? 그… 그게….

주로 인도와 그리스계의 의학을 많이 다루었다.

에휴~, 궁전에서 편하게 일할 줄 알았더니 순 감시만 당하는 것 같고….

아직도 다 못 썼단 말이냐!

알리 앗타바리의 제자로서 이슬람 세계에서 가장 뛰어난 임상의였던 알라지는

대개 백과사전에 의학 부분을 조금 쓰거나 번역을 하면 의학자 대접을 받지만

알라지
(865~923?)

못써! 못써! 나 같은 의사가 진짜 의학자라고!

지금 나한테 하는 말이냐!

지혜의 집

종합병원 책임자였고 평등주의자였으나 종교에는 매우 부정적이었다.

도대체가 하루 다섯 번이나 하는 기도가 사람들에게 무슨 도움이 되냐고?!

소위 종교 지도자란 자들이 사람들의 신앙심을 부추겨 전쟁이나 일으키고 말이야! 못써! 못써!

저런 천벌을 받을 놈 같으니라고!

그는 기적을 믿지 않았고

아! 천벌? 그런 걸 정말 믿는 거야, 응? 그런 게 얼마나 엉터린지 몰라?

못써! 못써! 가만! 이런 것은 책으로 써서 널리 알려야 해!

종교 지도자들보다 과학자들이 훨씬 더 중요하다고 여겼다.

에우클레이데스나 히포크라테스 같은 과학자들이 사회에 훨씬 쓸모가 있지, 암!!

그러나 그는 과학에 대한 비판의 끈도 놓지 않았다.

그렇다고 내가 과학을 무조건 믿느냐? 그건 또 아니지!

나는 합리적인 사람이라고. 과학은 끊임없이 발전하는 것인데….

못써! 아리스토텔레스나 갈레노스를 닮으면….

1000년도 더 지난 사람들의 책을 제일인 줄 알다니…. 왜 그래야 하냐고!

난! "뭔가 권위가 있다."라는 말이 제일 듣기 싫더라!

헉… 헉…, 목 아파. 이것도 책으로 쓰자.

갈레노스에 대한 의문

알라지의 반종교적 합리주의는 그의 인기를 떨어뜨렸지만

저놈이!

나도 너 싫어!

…해서 난 종교가 싫어!

그는 의사, 저술가로서 성공했고

너, 홍역이랑 천연두 구분할 수 있어?

그럼 이렇게 유익한 책 쓸 수 있어?

또 화학자로서 의화학★의 선구적인 역할을 했다.

광물질을 분류해서

약으로 써 보려고 노력했지. 이건 못 먹겠는걸?

그리고 알라지와 같은 시대를 살았던 사람 가운데 또 한 사람의 위대한 의학자 이븐 시나가 있다.

이븐 시나 (980~1037)

★ 의화학-인체의 생리 현상을 화학적으로 연구하여 의료에 활용하는 학문.

이븐 시나는 열 살 때 코란을 외울 정도로 신동이었는데

나라 나라

…더 가르칠 게 없느니라.

이슬람 세계가 분열해 서로 싸우던 시기에 여러 국왕 밑에서 일하면서 명예와 부를 얻었지만

자네는 아무 걱정 말고 연구나 하게.

고맙….

여러 차례의 위험도 겪었다고 한다.

……

…습 니다.

뛰어난 사상가이기도 했던 이븐 시나는 임상 분야에서도 뛰어났다.

이건 나밖에 모를걸? 결핵이 감염되는 병이라는 거….

또 물과 흙이 오염되면 전염병이 돈다는 거. 또….

그는 다섯 권으로 된 『의학정전』이라는 의학 백과를 만들었는데

일반 원리

기관의 병

국소적 질병

단일 약물

합성 약물

이론과 실제를 겸비한 훌륭한 책이지요. 뭐, 내 자랑 같긴 하지만….

이 책은 워낙 뛰어났기 때문에 오히려 이후의 의학 발전에 더 부정적인 영향을 끼칠 정도였다.

아무렴. 누가 이븐 시나보다 잘 쓸 수 있겠어?

그냥 이 책대로만 치료하자고.

이런 게으른 것들…!

심지어 유럽에서는 1650년까지 이 책을 교재로 사용했을 정도였지요.

이븐 알쿠프는 이슬람에서 가장 많은 외과 서적을 쓴 사람으로

아파ㅡ

뭐 별거 아녀요. 직업이 군의였거든. 군의로 있다 보면 외과에 통달하지요.

이븐 알쿠프
(13세기경 활동)

모세혈관을 찾아내기도 했다.

뭐, 다들 알겠지만 모세혈관이란 소동맥과 소정맥을 연결하는 가는 혈관이거든요.

가스 교환, 분비, 흡수 등을 많이 하는 폐, 간, 신장에 특히 많이 있지요.

뭐, 현미경 없이 알아내는 게 조금 힘들긴 했지만 사실 별거 아녀요.

모세혈관 ——   ——— 세포

이븐 알나피스는 이집트 마멜룩의 지배자 알다히노의 궁정의사였으며

임금님, 안녕?

……

이븐 알나피스
(1210~1288)

의사들을 훈련시킬 수 있는 지위에 있었다.

그게 아님!

이렇게 하는 것임!

사삭

사삭

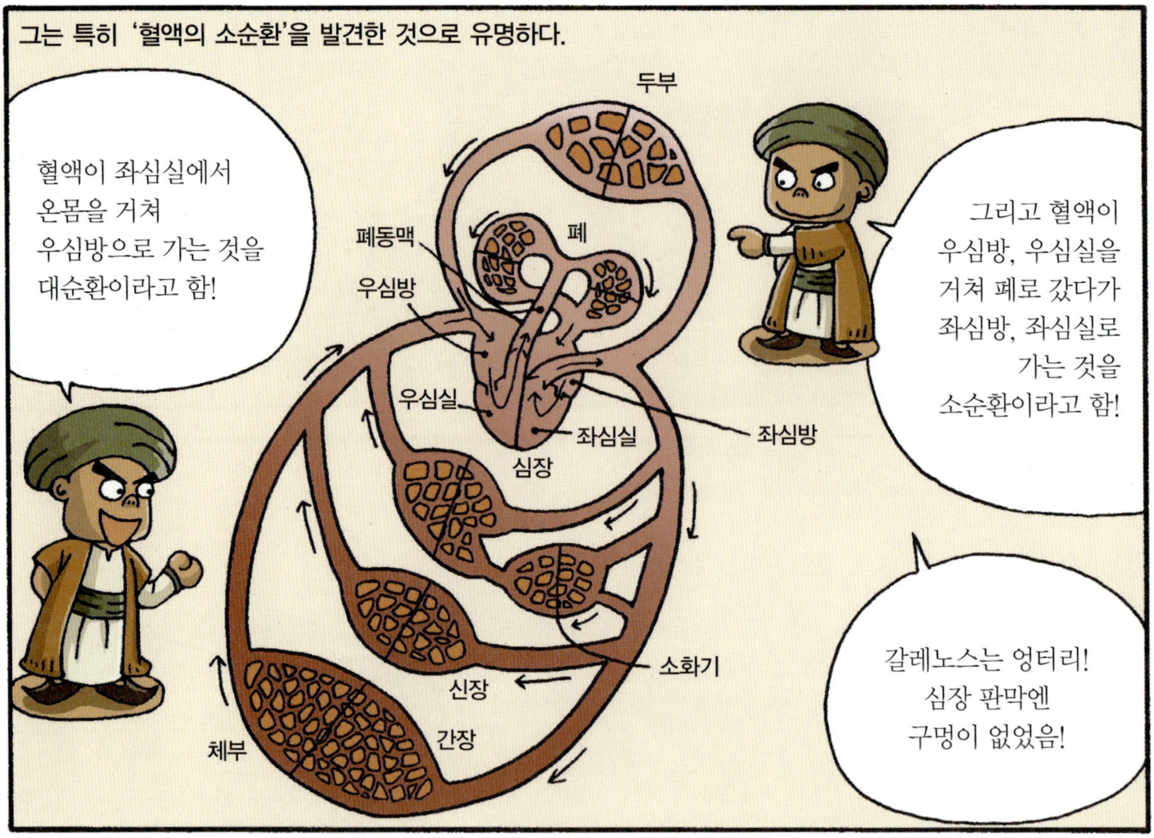

그는 특히 '혈액의 소순환'을 발견한 것으로 유명하다.

혈액이 좌심실에서
온몸을 거쳐
우심방으로 가는 것을
대순환이라고 함!

두부

폐동맥

폐

우심방

우심실

좌심실

좌심방

심장

소화기

신장

체부

간장

그리고 혈액이
우심방, 우심실을
거쳐 폐로 갔다가
좌심방, 좌심실로
가는 것을
소순환이라고 함!

갈레노스는 엉터리!
심장 판막엔
구멍이 없었음!

이슬람 인들이 살았던 사막에서는
눈병에 잘 걸렸기 때문에

왜 그래?

모래 바람이 불어서
눈에 뭐가 들어갔나 봐.

자연히 눈병과 눈 구조에 대한 연구를 많이 했다.

눈의 구조에 맞춘
렌즈의 연구도 많이 했고,
광학을 발달시켰지요.

시신경

강막(공막)

유리체

맥락막

홍채

망막

단백체액

동공

각막

뛰어난 안과 의사였던 하리파 이븐 아비 루 마하신은

하~, 이름이
길기도 합니다,
그려.

하리파 이븐 아비
루 마하신
(13세기경 활동)

눈의 해부학과 눈병 치료에 대해서 쓴 『점안약 전서』를 만들었으며

주로 눈병 치료에 대해 썼습니다, 그려.

이 시대의 다양한 눈 치료 기구를 소개했다.

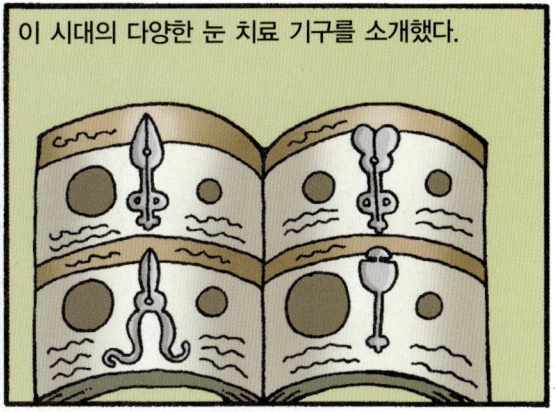

이 밖에도 이슬람의 의사들은 정신 치료도 중요하게 여겼고

종교적 측면에서 최고의 약인 코란을 사용하기도 했고

심리 안정을 굉장히 중요하게 여겼으며

정신병자에겐 국가 차원에서 인도적인 대우를 해 주었지요.

비록 해부학은 많이 발전시키지 못했지만

해부는 우리 적성에 안 맞는 것 같아.

누군 적성에 맞아서 한단 말이야?

그리스에 없던 새로운 병과 치료법을 다수 발견했다.

예를 들면 위암 같은 병이라든지

상처를 불로 지지는 소작법과 뜸, 지혈제의 효능을 발견한 것도 우리였죠.

특히 외과술은 매우 다양하게 쓰였다.

치질이나 탈구된 환자를 외과로 치료하는 것은 이해가 가는데

두통이나 간질도 외과 수술을?

이슬람의
물리학

중세에는 물리학을 연구한 학자가 매우 적었는데

그래도 잘 찾아보면 세 명은 있지.

우선 사비트 이븐 쿠라는 아르키메데스 책을 번역한 사람으로

사비트 이븐 쿠라
(836~901)

아르 키메데스

나, 너무 자주 출연하는 것 같지?

도르래의 기본 원리와 양팔 저울에 대해서 알았고

물체의 평형과 저울의 원리에 대한 책도 썼다.

이븐 알하이삼은 카이로에서 활약했던 중세 최고의 물리학자였다.

나까지는 예고편이고 지금부터가 본편이라고 할 수 있지.

이븐 알하이삼
(965?~1039)

그는 나일 강의 범람을 조절하는 장치를 만들자고 주장했다가

수력학★을 이용해 강을 적당히 통제하면 범람의 피해를 막을 수 있습니다.

전문적인 말을 마구마구 써서 기죽이기!

잘 모르겠지만 혼자 모르면 망신스러우니 태연한 얼굴로 아는 척하기!

음음. 그래, 그럼 한번 시도해 보도록 하라!

★ 수력학-액체, 특히 물의 역학적 성질을 공학에 응용하기 위한 학문.

완성을 못하자 왕의 노여움을 사서
사형선고를 받았으나

그놈을 당장
잡아 오너라~!!

젊은 시절 내내 미친 사람으로 가장해
목숨을 건졌다고 한다.

꽤 똑똑한
청년이었는데,
쯧쯧….

연기라…?
이것도
재미있는데
한번 연구해
볼까?

그는 광학 전반을 연구했는데

우선 가까이
있는 것!
눈의
생리학
부터….

인간의 시각을 처음 광학으로 설명했으며

시각은
눈의 수정체에
바깥쪽의 상이
맺힌 것을

시신경

시신경이
포착하는 것이지.
시신경과 뇌,
이것도 한번
연구해 보자.

눈의 해부학 연구에도 아주 뛰어났다.

현재 쓰고 있는
눈의 구조나
명칭의 대부분은
갈레노스가
쓴 것들이지만

몇몇 부분은
이븐 알하이삼에게서
유래했지요.

각막(cornea)이나
망막(retina) 같은 단어들은
이븐 알하이삼의 책을
라틴 어로 번역할 때
새롭게 만들어진
단어들이지요.

그는 또 빛을 관찰해 그것들을 구분했다.

빛이란
발광원이
발산하는
어떤 것이지.

이것을
'1차 발산'
이라 하는데

반사같이 우연한
발광원에 의해서
발산되는 빛도
있더라고.
이것을 '2차 발산'
이라고 하지.

163

'2차 발산'은
'1차 발산'보다 약하다!
그렇지!

그러나
이 두 가지 발산은
모두 구의 형태로
(모든 방향으로)
일직선으로
뻗어 나간다는
점에서는 같다.

또한 여러 가지 반사를 연구했다.

평면거울의
반사?
그건 너무
쉽잖아.

오목거울이나
볼록거울, 구나
원기둥 같은 것의
반사 정도는
돼야 연구할
만하지!

예를 들면 이런 거지.
어떤 각도로 반사를
시켜야 원하는 위치에
원하는 모양의 상을
얻을 수 있는가?

어떻게 반사를
시켜야 좀 더 정확한
초점을 얻을 수
있을 것인가?

또는 광선이
흩어지지 않으려면
어느 정도 높이에서
반사를 시켜야 하는가?

그는 또 굴절 현상을 연구하여

어떤 물체가
서로 다른 매질★을
지나갈 경우
그 입사각과
굴절각은 일정한
비율을 이룬다.

입사각

굴절각

프톨레마이오스가 발견한 굴절의 법칙이
일관되지 않다는 것을 밝혔고

매번 그런 건
아니다! 그건 각이
작은 경우에만
적용된다.

어떻게
알았냐고?

★ 매질-어떤 파동 또는 물리적 작용을 한 곳에서 다른 곳으로 옮겨 주는 매개물. 예를 들면 공기나 물 등은 서로 다른 매질이다.

굴절각을 측정하기 위한 장치도 만들었다.

바로 이 기구로 알아냈지.

우선 구리로 원판을 만들고 안쪽 둘레에 도수를 나타내는 눈금을 그리는 거야.

가장자리엔 빛이 들어갈 구멍을 하나 뚫고

가운데에도 판을 세워서 구멍을 하나 뚫지.

그다음에 이 기구를 중심까지 물에 담그고

두 개의 구멍으로 광선이 지나가게 하면 원반의 테두리에 해 놓은 표시로 굴절각을 읽을 수 있지.

굴절각

이븐 알하이삼은 그 밖에도 자연에서 일어나는 굴절을 연구했으며

어머! 오늘따라 노을이 참 곱네? 저 붉은 해 좀 봐.

해가 뜨거나 질 때 왜 납작해 보이는지 알아?

……

아마도 태양 광선이 지구를 둘러싼 대기층에 들어올 때 굴절하기 때문일 거야. 너도 공부 좀 해라!

'박명 현상'을 보고 지구 대기의 높이를 측정하기도 했다.

박명이란 태양이 뜨기 전이나 지고 나서도 얼마 동안 하늘이 밝은 걸 말하는데

이 현상은 태양이 지평선 아래 19° 사이에 있을 때만 일어나니까

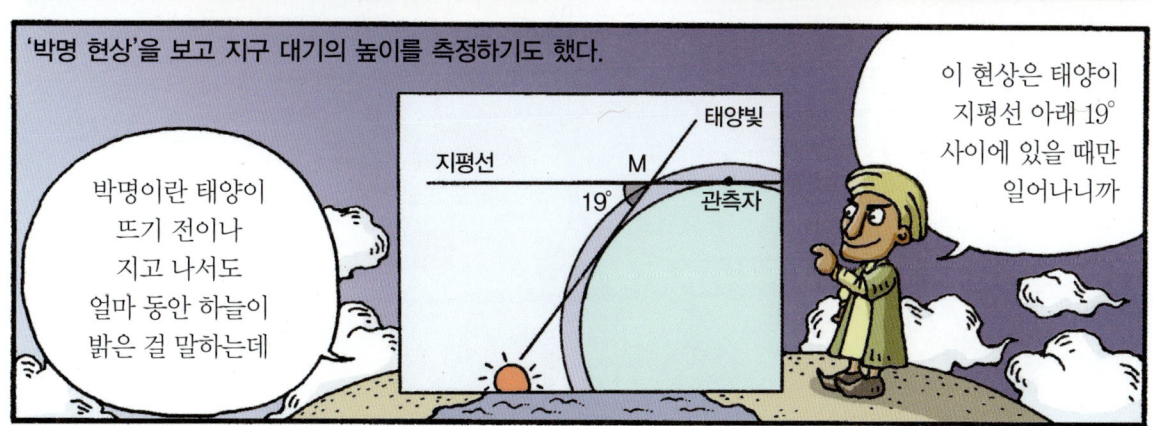

지평선

태양빛

M

19°

관측자

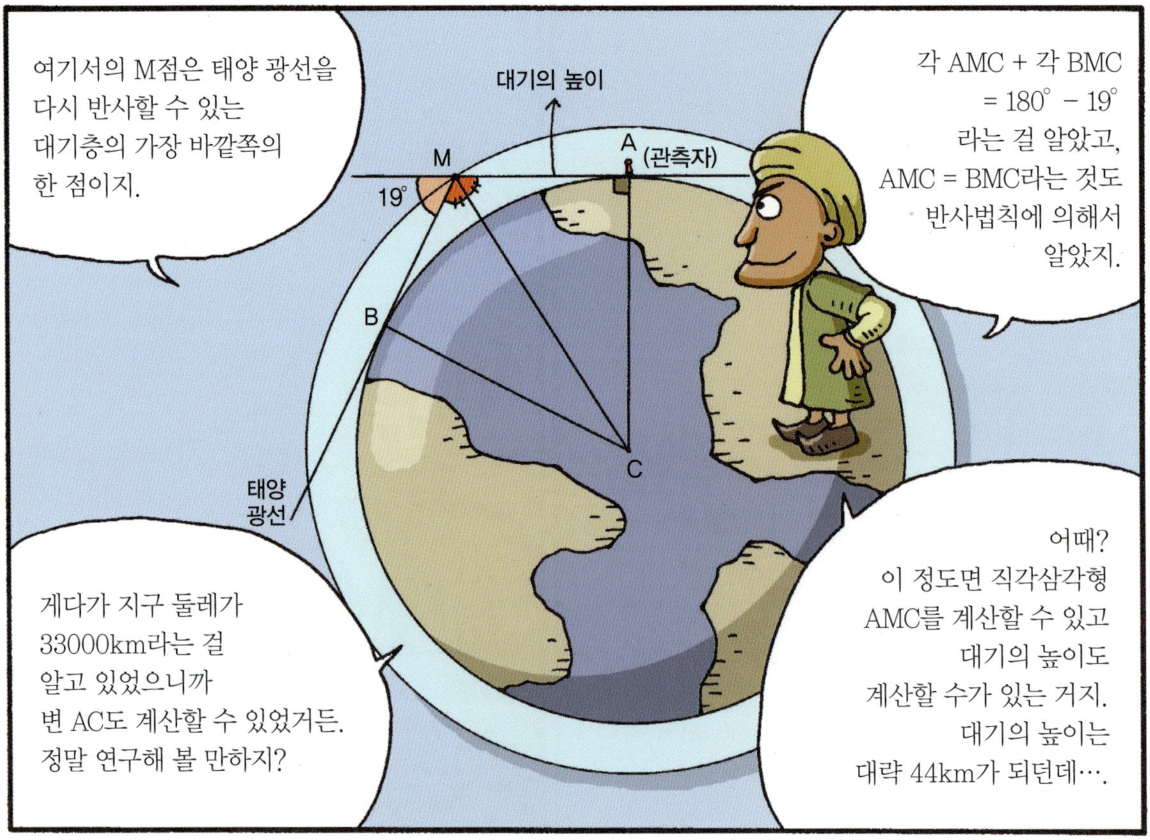

여기서의 M점은 태양 광선을 다시 반사할 수 있는 대기층의 가장 바깥쪽의 한 점이지.

각 AMC + 각 BMC = 180° − 19° 라는 걸 알았고, AMC = BMC라는 것도 반사법칙에 의해서 알았지.

대기의 높이

M

19°

A (관측자)

B

C

태양 광선

게다가 지구 둘레가 33000km라는 걸 알고 있었으니까 변 AC도 계산할 수 있었거든. 정말 연구해 볼 만하지?

어때? 이 정도면 직각삼각형 AMC를 계산할 수 있고 대기의 높이도 계산할 수가 있는 거지. 대기의 높이는 대략 44km가 되던데….

알하지니는 금욕주의자이자 신비주의자였던 교사로서 매우 실용적인 정신으로 물리학을 다루었다.

어쭈? 자네 똑바로 안 서?

알하지니 (17세기경 활동)

그는 무게의 측정과 추에 대해 큰 관심을 가졌으며

책 제목도 『지혜의 균형에 대한 책』이라고 붙였지요.

서로 다른 액체를 사용해 무게를 잴 수 있는 막대 저울에 대한 책을 썼다.

금훈: 균형 있게 살자

서로 다른 액체의 비중표를 실어서 쓰기 쉽도록 했고

주로 귀금속의 불순물 함량과 보석의 무게를 재는 데 이용했지요.

근본적으로 유압★의 균형에 대한 책이고요.

제군들! 조용히 해라!

★유압-압력을 가하는 기름에 의해 피스톤 등의 동력 기계를 작동하는 일.

이슬람의 연금술

이슬람의 연금술은 그리스로부터 영향받은 것이 분명하지만

어이, 이것 봐! 금을 만드는 방법이라는데….

정말이야?

인도나 중국의 영향도 받은 것으로 보이며

동서양 문화를 다 받아들이던 이슬람 과학의 특징이기도 하죠.

특히 중국 연금술은 금 만들기보다 불로장생약 만들기에 더 치우쳤다 해.

앞 시대보다 훨씬 많은 결실을 맺었다.

발전한 비결은 무엇이라 생각하십니까?

어흠, 그리스 학자들보다 우리가 더 부지런했다는 것 정도겠죠. 특히 실험하는 면에서.

이슬람의 연금술사 중 가장 대표적인 학자는 자비르 이븐 하이얀이다.

자비르 이븐 하이얀 (721?~815?)

내 학문 역시 아리스토텔레스의 원소 전환 사상에서 출발하지.

그는 금속은 기본적으로 황과 수은이 결합한 것이라고 보았다.

금속마다 황과 수은의 비율이 다르고, 이 비율에 의해서 금속의 성질이 결정되지.

황 / 금속 / 수은

기본 4원소

…….

그래서요?

음, 내가 어디까지 얘기했더라? 음, 그래서 연금술사는 먼저 금속에 황과 수은이 어떤 비율로 들어 있는지 알아내야만 하는 거지.

밥 먹을 때가 됐나 배가 고프군. 그리고 알아낸 비율대로 순수한 성질을 조절할 수 있도록….

이건 어떤 성분을 얼마만큼 넣느냐가 중요한데

이상하다? 밥 먹은 지 얼마 안 됐는데…, 양이 적었나?

역시 정확한 양이 중요하다니까.

밥의 정확한 양이요? 아님 황과 수은의 정확한 양이요?

잠깐만 조용히 해 봐, 헷갈리니까. 이렇게 납을 황과 수은으로 나눈 뒤, 그 수은과 황의 양을 조절하면…

이런! 조용해지니까 별 소리가 다 들리네. 그러니까 납의 황과 수은의 비율을 금의 황과 수은의 비율로 조절하면 그 납은 금이 되는 거야.

애걔~, 그게 다예요?

꼬르륵

물론 아니지~. 이 과정에 금으로 만드는 '현자의 돌'이라는 약품 가루가 들어가야 하지.

근데 이건 나도 아직 못 만들었어.

그럼 그렇지!

조용히 좀 해! 정말 중요한 것은 순수한 성분의 비율을 얻기 위한 증류기의 조작이니까.

피~, 그게 뭐 중요해요. '현자의 돌'도 못 만들었는데.

부글부글

펑

거봐! 자꾸 말 시키니까 이렇게 되잖아. 실험을 성공하려면 자주 반복해서 정확한 양과 과정을 알아내야 한다고!

회복력이 좋으시네요.

이 정도 폭발이야 자주 있는 일인데, 뭐. 난 똑같은 실험을 700번이나 한 적도 있거든.

★수비학(数秘學)-수에 사물의 본성이나 우주 질서의 비밀이 있다고 믿은 사상.

이슬람의 지리학

이슬람의 지리학은 그리스와 비교해 보면 별다른 이론의 진보는 없었지만

키는 비슷한데….

무슨 소리! 덩치가 커졌잖아.

이슬람 세계가 넓어지고 교류가 활발해지면서 지리학에 대한 새로운 정보들을 많이 더해져서

상인들의 진출이라든지….

외교적인 목적의 여행!

군사와 관련된 일이나

종교의 전파 등을 통해 세계의 정보들을 차곡차곡 모았으니….

근대 지리학의 새로운 토대를 마련했다.

아시아나 아프리카까지 포함한 지리와 관련된 지식은

지중해밖에 모르던 그리스나 유럽에 비해 훨씬 풍부할 수밖에 없었지, 뭐.

거기에 이슬람교도들의 신앙 특성 때문에 방향을 찾는 방법이나

우리 이슬람교도들은 매일 메카★를 향해 예배를 드려야 한다오.

여행 중이라도 예배는 드려야 하는데 메카가 어느 쪽에 있는지 알아야 하니까.

사방이 사막이니 어떻게 방향을 찾지?

그래서 메카를 잘 찾을 수 있는 방법이 적힌 『키브라』라는 책도 나왔지요.

★메카─이슬람교의 성지.

지도 및 여행기가 꾸준히 만들어졌으며 또 존중받았다.

이슬람 교도들은 일생에 한 번은 성지순례를 하는 게 의무이고, 또 최고의 소원이기도 하다오.

그래서 성지순례에 대한 여행서나 안내서가 인기를 끌었지.

이건 이번에 새로 나온 건데 지름길과 깨끗한 여관 목록이 보너스로 끼어 있는 책이지.

그러나 체계적인 지리학이 자리 잡은 것은 알마문의 지혜의 집이 지어진 후부터이다.

지혜의 집 얘기에 짐이 빠질 수 없느니라.

그리스나 인도의 자료를 봐도

그 나라가 쓰던 스타디아 단위의 값을 잘 모르니 거의 소용이 없느니라. 직접 재 봐야 하겠노라.

알마문은 지구의 크기를 알기 위해 지혜의 집 학자들에게 위도의 간격을 측정하게 했다.

1조는 태양 관측과 지면 측량을 하면서 북쪽으로 위도차 1°의 거리를 올라오고

2조는 남쪽을 향해 위도 1°를 내려가도록 하라.

이 측정 결과를 보면 양쪽이 거의 비슷하게 나왔고, 1°의 길이는 $56\frac{2}{3}$ 아라비아 마일이었지.

참고로 1아라비아 마일은 2km야.

도시락은 언제 먹어?

1조

난 꿀물 싸왔다

2조

알마수디는 과거에 대해 과학적이고 객관적인 관점을 가지려 했던 역사학자였다.

진정한 지식은 체험과 관찰을 통해서만 얻어지는 거지.

알마수디
(?~957)

뭐든지 제대로 하자 이거지요, 내 말은.

역사학도 마찬가지! 역사학을 제대로 하려면 남이 써 놓은 것만 보지 말고 원래 자료로부터 시작해야 하는 거야.

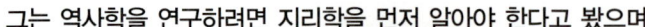

그는 역사학을 연구하려면 지리학을 먼저 알아야 한다고 봤으며

지리적 환경이 동물과 식물의 생태에 얼마나 큰 영향을 주느냐 말이야.

그리고 그것이 또 사람의 생활을 얼마나 변화시키는가 말이야.

사막   비가 적다   농사 못 지음   유목

그러니 역사를 제대로 알려면 지리학도 제대로 알아야 하거든.

당시 지리학의 많은 혼란들을 가려내고

메카가 단연코 세계의 중심이지.

지리학은 코란에 나온 얘기들을 확인하는 정도면 되지 않겠어? 먹고살기도 바쁜데.

이런 말도 안 되는 얘기들은 싹 무시해도 된다고.

경험적인 얘기들은 받아들였다.

글쎄, 프톨레마이오스의 책엔 그렇게 안 써 있는데….

우린 배 타고 돌아다녀 봐서 알쥬~. 남쪽 바다엔 어떤 경계도 없었쥬~.

알마수디는 주변 세계에 대한 폭넓은 관심 때문에 이슬람의 플리니우스★라고 불리기도 했다.

우리 모두 제대로 공부하자, 이 말이야.

★플리니우스 - 고대 로마의 박물학자. 박물학은 동물학, 식물학, 광물학, 지질학을 통틀어 이르는 말.

알비루니는 인도 여행기를 쓴 지리학자인데

알비루니
(973~1048)

여행에서 눈에 보이는 것뿐만 아니라

도로와 건물 같은 거야 남의 눈에도 보이는 거니까요.

사회, 체제, 종교, 과학을 세밀하게 관찰하여 기록했다.

조금만 더 애정을 가지면 더 많은 것을 알 수 있거든요.

인도의 카스트 제도가 사람들에게 어떤 영향을 미치는지 라든가….

에…, 인도의 화장실 문화, 이런 것들도 빠질 수 없는 관심사였지요.

그는 또 위도를 구할 때 기하학을 이용했으며

우선 측정한 값을 두 개의 기본 위선과의 거리와 비교해 보고

그 사이의 관계를 기하학으로 정확히 하는 거지요.

그래서 특히 내가 만든 경위도표가 정확하다고 해서 유명했지요.

높이가 알려진 산에 올라가 수평선의 부각*을 재는 방법으로 지구의 둘레를 재기도 했다.

즉 산꼭대기에서 수평선을 내려다보는 각도 (부각)를 재는 거죠.

이 각도를 알면 나머지는 산의 높이와 지구 반지름의 삼각계산으로 지구의 둘레를 계산할 수 있지요.

난다나 산

수평선

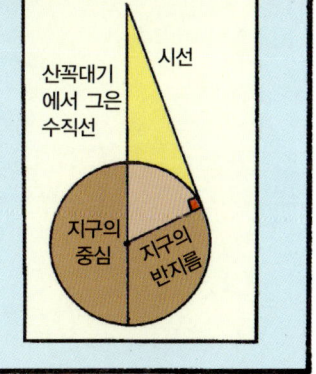

산꼭대기 에서 그은 수직선

시선

지구의 중심

지구의 반지름

★부각-내려본각. 내림 각. 위선, 위도를 나타내는 선.

알이드리시는 왕위 계승권이 있는 가문 출신이라서

알이드리시
(1100~1165)

대부분의 삶을 이슬람 세계 바깥에서 보내야 했다.

이슬람 세계에서는 암살당할 위험이 많았기 때문이지유.

괜찮아, 괜찮아. 다 내가 잘난 탓이지, 뭐.

16세부터 방랑을 시작한 그는 소아시아, 유럽을 거쳐 영국까지 갔는데

출발
모로코

너 힘들어 보이는데 좀 쉬었다 가는 게 어떠냐?

안 돼유. 우리가 여기 있다는 거 소문나기 전에 빨리 떠나야 돼유.

시칠리아의 왕이었던 로제르 2세가 그를 코르도바에 정착시켰다.

한평생 방랑만 할 수는 없지 않은가? 내가 거처를 마련해 줄 터이니….

방랑 생활도 즐겁기는 합니다만, 폐하가 저를 애타게 원하시니….

로제르 2세는 새로운 지도를 만들기 위해 알이드리시에게 책임을 맡겼는데

여행을 많이 한 자네가 적임자일 것 같네.

뭐, 책임을 안 맡기셔도 도와 드리기는 하겠습니다만 굳이 책임을 맡기시니….

그는 무사들을 각지로 파견하여 정보를 모았고

이거 참, 중책을 맡기시니 꼼꼼히 안 할 수도 없고….

그것을 자세하게 요약하여 지도를 만들었다.

이 지도는 사람이 살 수 있는 지역, 즉 북반구 위주로 만들었고 기후대별로 나누었지요.

비록 알이드리시의 작업이 새로운 건 없었으나

당연하쥬. 그리스와 이슬람의 것들을 그대로 요약했으니까요.

뭐라구-

매우 성실한 작업이었다고 평가받는다.

나중에 요약집과 지도들이 많이 없어져 전해지지 못한 게 아쉽지유.

괜찮아, 괜찮아. 내가 뭐 칭찬 받으려고 했나, 뭐.

알카지니는 소아시아를 여행한 경험을 바탕으로 지리학에 대한 책을 썼는데

알카지니
(13세기경 활동)

매우 과학적인 사람이었던 듯하다.

이란의 마라게 천문대에서 근무했던 경력이 있고

알카지니 천문표로도 유명하지.

그는 처음으로 무지개를 과학적으로 정확히 설명한 사람이기도 하다.

무지개란? 비가 그친 뒤 태양의 반대쪽에 강수가 있을 때

그 물방울에 비친 태양 광선이 굴절되어 나타나는 현상이거든.

결코 선녀의 사다리나 신의 사자가 아니란 말이지.

공기 중의 물방울

햇빛

이와 같이 많은 지리적 지식이 모였고

그게 뭐야?

지리학자들이 조사하러 다니느라 낡은 신발들이야.

9세기 초 천문학자 알아스투르라비의 투영도법이 있었음에도 불구하고

오호~.

175

남아 있는 이슬람의 지도는 매우 빈약하다.

단순? 왜 이런 거지?

?
?

한편 이슬람의 지도들은 위쪽을 남쪽으로 하는 습관이 있었으며

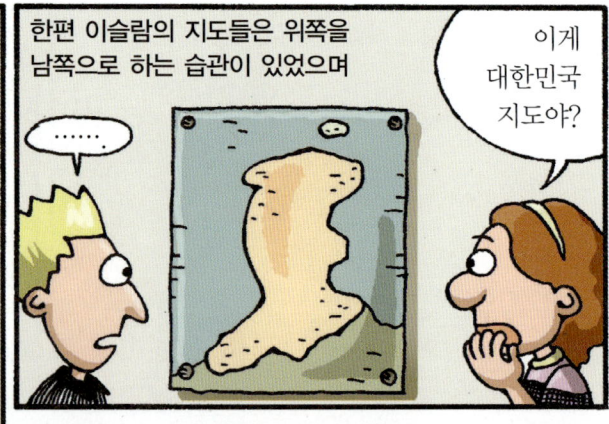

……

이게 대한민국 지도야?

13세기를 넘어서면 나침반과 천문 관측 기구들을 항해에 사용했고

우리 배의 위치는?

해도를 만들기 시작했다.

암초 많은 곳!

상어 많은 곳! 수영 주의!

이슬람의 항해술을 보여 주는 문헌으로는 이븐 마지드의 책이 있으며

『유익한 정보 혹은 항해술의 원리와 기초의 책』이라는 긴 제목이지요.

해도에 나타난 위도는 '이스바'라는 단위로 표시했다.

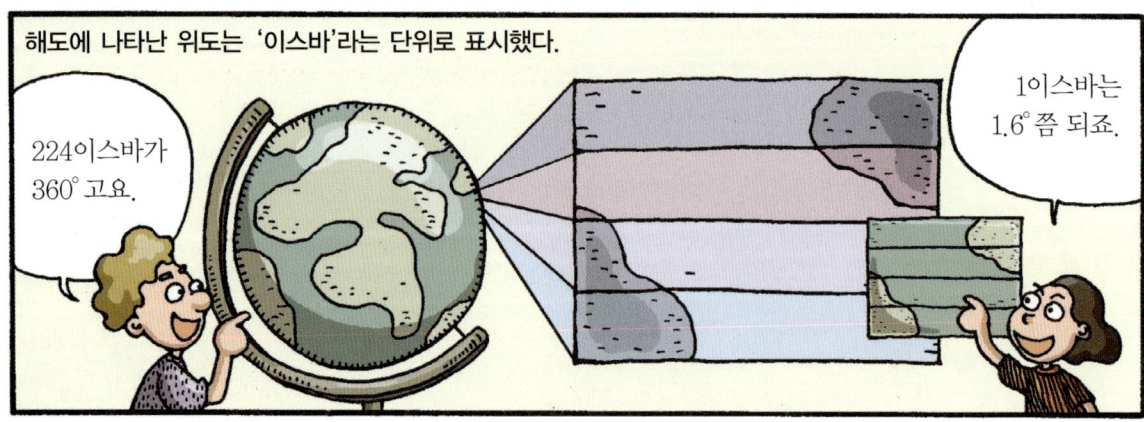

224이스바가 360° 고요.

1이스바는 1.6°쯤 되죠.

어때요? 눈이 좀 시원해지셨나요? 이따금은 멀리서 바라보는 것도 필요하지요.

이슬람의 수학은 다른 분야 학문들과는 달리 매우 독창적이었죠.

그리스 등의 영향을 거의 받지 않고 발전을 했으니까요. 그러니 이슬람 사람들의 실용적인 기질을 다시 한 번 기억하면서 시작해 볼까요.

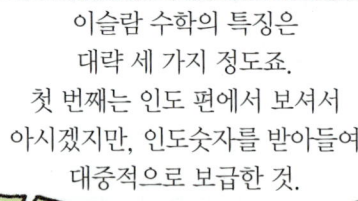

이슬람 수학의 특징은 대략 세 가지 정도죠. 첫 번째는 인도 편에서 보셔서 아시겠지만, 인도숫자를 받아들여 대중적으로 보급한 것.

두 번째는 대수학을 발전시키고 서양에 전했다는 것.

$$x^2 = x \times x$$

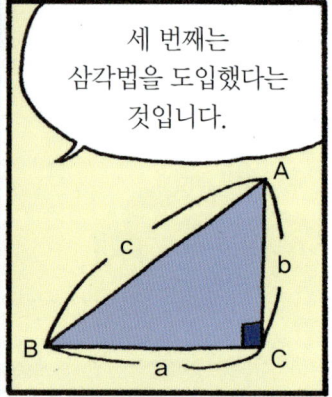

세 번째는 삼각법을 도입했다는 것입니다.

아! 삼각법은 처음 나온 거니 조금 설명하고 넘어가지요.

삼각법이란 삼각형의 변과 각을 통해 여러 가지 도형을 연구하는 분야지요.

음…, 이렇게 읽으니 감이 잘 안 잡히지요?

그럼, 이렇게 설명을 해 봅시다. 삼각형은 세 변과 세 각이 있지요.

이 중 세 변의 길이와 한 각의 크기를 알거나

한 변의 길이와 두 각의 크기를 알거나…

두 변의 길이와 그 끼인각의 크기를 알면…

다른 부분도 알 수 있게 되지요.

마치 사람 얼굴을 알아볼 때 이 정도만 돼도 누군지 아는 것처럼요.

이렇게 삼각형의 숨은 값을 알아내는 방식이 바로 삼각법입니다.

에헴! 삼각법을 천문학에 정식으로 사용한 것은 바로 나였지.

알바타니
(858?~929)

옛날에는 각의 비를 계산할 때 그리스식의 낡은 방식을 썼는데

나는 과감하게 에헴! 낡은 방식을 거부하고, '사인'이라는 삼각비를 채용했지.

각 A와 각 C의 크기가 각각 A, C일 때

각 A에 대한 변 $\frac{BC}{AC}$의 길이의 비의 값을 각 A의 '사인' 값이라고 하지.

$$\sin A = \frac{BC}{AC}$$
(사인)

이 사인 값은 복잡한 계산을 간단하게 해 주는 편리한 방법이지.

각 A를 모를 경우 변의 길이만 알면 계산이 되고 반대의 경우도 마찬가지니까.

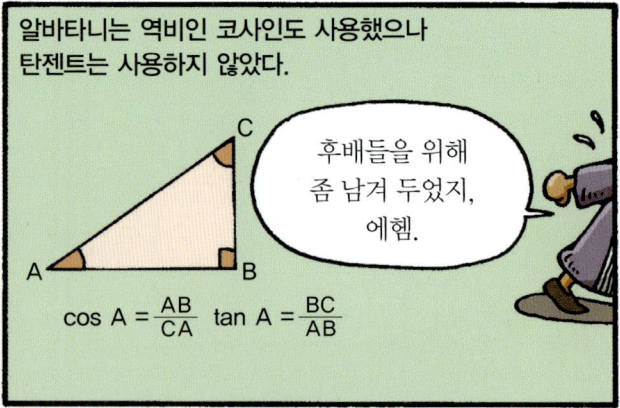

알바타니는 역비인 코사인도 사용했으나 탄젠트는 사용하지 않았다.

후배들을 위해 좀 남겨 두었지, 에헴.

$$\cos A = \frac{AB}{CA} \quad \tan A = \frac{BC}{AB}$$

한편 카알 알딘은 고차방정식을 이용하여 대수를 쉽게 만들었는데

기름칠도 좀 하고….

카알 알딘
(9세기경 활동)

뭐, 별거 아냐. 조금만 손보면 쉬워진다니까.

제곱근 같은 무리수도 다루어

$$a^2 = x$$

a는 x의 제곱근

제곱근은 어떤 수 a를 두 번 곱해 x가 될 때, a를 x에 대해 이르는 말이지.

음, 5가 25의 제곱근이 되는 것같이 말이지.

실제로 쓸 수 있는 수학의 분야를 넓혔다.

쉿~쉿~, 저리 가! 무섭단 말이야.

으악! 난 무리수 알레르기가 있어. 으악! 으악!

이런, 진정 좀 해 봐. 얘네들도 별거 아냐. 무서워하지 말라고.

알콰리즈미는 아라비아숫자의 보급자로 유명하다.

알콰리즈미
(780~850)

알콰리즈미가 유럽에서 '알고리우스'라는 라틴 어 이름으로 불리면서

영어의 '알고리즘' (algorithm)이라는 단어가 만들어졌고, '알고리즘'은 '아라비아숫자로 계산하는 것'을 뜻하는 단어가 되었죠.

아, 잠깐! 인도숫자가 이슬람에 들어와 어떤 모양으로 변했는지 한번 보고 가지요.

이것이 첫 번째 인도의 산스크리트숫자.

이렇게 바뀐 것이 이슬람의 아라비아숫자.

이건 중세의 학자 보에티우스가 쓴 아비케스숫자.

이건 에스파냐 쪽의 이슬람권이 쓰던 구바르숫자라고 하죠.

이건 13세기 유럽에서 쓰던 아라비아숫자이고

이건 16세기의 아라비아숫자입니다.

어때요? 이때쯤 되면 지금 쓰는 숫자와 같은 모양인 것을 알 수 있지요?

이 숫자를 소개받지 않았더라면 생각만 해도 식은땀이….

알콰리즈미 선생님, 고맙습니다.

……

내가 아라비아숫자의 전파자라고 불리는 건 인도숫자를 소개했기 때문만은 아니야.

그럼요?

인도숫자로 실용 수학에 대한 책을 써서 쉽고 유익한 '산수'란 걸 보여 줬거든.

뭐, 책이 별로 남지 않았지만

12세기의 학자 아델라드가 라틴 어로 번역한 『산수 입문』 정도는 남아 있지.

또 알콰리즈미가 쓴 책 가운데 『복원과 대비의 계산』 이라는 중요한 책이 있다.

이 책에서 복원은 '알제브르'라고 했고

대비는 '왈무카발라'라고 했지.

'알제브르'라는 단어는 나중에 대수학을 뜻하는 '알제브라'가 되지요.

그는 이 책에서 방정식의 근대적인 방법을 세웠다.

어떤 계산이든 알제브르와 왈무카발라, 이 두 개의 계산 과정을 사용하면

여섯 개의 표준 풀이법으로 바꿔 쉽게 풀 수 있지.

먼저 계산할 때 제일 거치적거리는 건 음수잖아.

이 음수를 없애기 위해 이항하는 방법이 바로 '알제브르'지.

$$x = 20 - 9x$$
(음수)

$$x + 9x = 20$$
(이항해서 양수로 바꾼다)

$$10x = 20$$

그리고 '왈무카발라'는 남아 있는 항들을 다이어트시키는 과정이지.

$$x^2 + 30 = 4x + 26$$
(보낸다)

$$x^2 = 4x + 26 - 30$$
$$x^2 = 4x - 4$$
(다시 보낸다)

$$x^2 + 4 = 4x$$

동류항끼리 모아서 정리하는 거야. 봐! 수가 정리되잖아?!

182

그런데 선생님 시대엔 아직 문자나 기호를 사용하지 않았다면서요?

그랬지. 위의 예들은 요즘 식으로 알기 쉽게 설명한 거고.

이런 걸 썼으면 얼마나 편했겠어? 난 방정식을 문장으로 표현해야 했다고~.

고생이 이만저만이 아니셨겠어요.

10세기에 들어서 학자 알카리지는 대수를 이렇게 정의했다.

대수가 뭐 별건가?

알려진 가정에서 출발하여 모르는 변수를 결정하는 것이 대수지.

와~, 정말 대수롭지 않은 정의로군요.

그리고 10세기에는 기하학에 대한 관심도 많아져 편리하게 쓸 수 있는 기구들을 만들어 냈다.

이건 한쪽 다리의 길이를 바꿀 수 있는 컴퍼스라오.

'알퀴라'라는 사람이 생각해 낸 건데 얼마나 편한지 몰라요.

아부 알와파는 기하학에 대한 책을 써서 실용 기하학을 발전시켰다.

장인을 위한 기하학적 구성의 필요성에 대한 책

아하하…, 제목이 너무 길어서 나도 아직 못 외웠답니다.

컴퍼스와 자를 써서 3차원의 문제를 2차원에서 해결하는 거죠.

그리고 또… 구면삼각형의 몇 가지 문제에 대한 해법이랑, 뭐 그런 거요.

그리고 14세기가 되면 알카시가 원주율과 사인 값을 다시 계산한다.

알카시
(14세기경 활동)

저는 원주율을 소수점 이하 16자리까지 계산할 줄 알았거든요.

여기 종이 좀 더 줘요

종이가 좀 많이 들긴 하지만 아라비아 숫자이기 때문에 할 수 있는 일이었지요. 로마숫자로는 이렇게 긴 계산은 못했을걸요.

알카시는 또한 소수점을 다루는 방법을 연구했다.

그럼요, 계산이 중간에 한 번 틀리기라도 하면 얼마나 많은 종이를 낭비하겠어요.

환경보호 차원에서라도 먼저 소수점을 다루는 방식을 확실히 세워 놓고 계산을 시작해야지요.

15세기 이후에는 이슬람 과학이 쇠퇴하듯 수학도 쇠퇴한다.

이슬람 과학은 대개 권력자의 후원을 받아 진행했기 때문에

정치가 혼란스러웠던 14세기 이후에는 과학도 명맥이 끊기고 말죠.

하지만 이슬람 인들의 업적은 수학 전반에 뚜렷하게 새겨져 있다.

인도-아라비아숫자는 국경과 시대를 넘어 인류의 위대한 발견 가운데 하나죠.

이슬람의 천문학과 점성술

천문학은 어느 문명에서나 먼저 시작하는 분야였고

예배 시간이나 단식월★ 같은 날짜를 알기 위해서 필요하잖아!

★단식월-이슬람교도의 전통적인 행사로, 이슬람력의 9월에 한 달간 단식을 한다.

그리스의 영향을 많이 받은 이슬람의 학문은 자연히 천문학을 존중했다.

중요하기야 하지. 나라의 흥망성쇠를 미리 알 수 있고….

그리스 사람들은 천문학을 매우 중요하게 여기던걸?

어이! 어이! 자네 점성술이랑 헷갈리는 거 아냐?

9세기 초 지혜의 집에서 프톨레마이오스의 천문학이 번역되었으며

프톨레마이오스의 『알마게스트』 있어요?

어떤 책 찾으세요? 번역서부터 주석을 단 책, 해설한 책, 비판한 책, 비판을 반박한 책까지 여러 가지가 있는데요.

베스트 셀러 거든…

인도와 페르시아의 천문표도 번역해 서로 비교하기도 했다.

이 부분은 인도 천문표가 더 정확한 거 같지?

어쨌거나 옛날 거니까 조금씩 틀린 것도 있고.

지혜의 집과 함께 만들어진 천문대에서는 즉시 관측을 시작했는데

어서! 빨리! 후딱! 부지런히! 정확한 관측을 시작하라. 그래서….

쓰윽

알마문은 이 관측을 바탕으로 자기만의 천문표를 만들려고 했다.

내 이름이 붙은 천문표가 만들어지는 걸 보고 싶으니라.

발그레

주책이셔, 애같이….

이슬람 초기의 천문학은 천체를 정확하게 관측하는 데 중점을 두었기 때문에

짠~, 드디어 만들었지. '마문표'라고 하느니라!

저렇게 좋을까?

풍부한 관측 자료가 있지만 아직 체계가 잡히지는 않았다.

근데 이론적인 뒷받침은 별로 없잖아요.

글쎄 말이야. 틀린 관측 자료만 눈에 밟히니까…, 우선 그거라도 고쳐 보려고….

마문표를 같이 만들었던 수학자 알콰리즈미는

글쎄, 나 빼고는 이 시대 얘기하기 힘들다니까.

천문 관측 기구인 '아스트롤라베'에 대한 책을 썼다.

아스트롤라베는 히파르코스나 아폴로니오스가 만들었다고 알려져 있지만

이슬람에서도 자체적으로 옛날부터 만들어 썼던 기구라우.

이건 말하자면 기하학적인 컴퓨터라우. 천체를 재서 눈금을 확인한 후

원반을 회전시키면 천체가 뜨고 지는 시간이나 방위각, 고도를 알 수 있고

안쪽의 원반을 돌리면 다른 천문 현상들도 알 수 있게끔 미리 계산된 결과가 새겨져 있다우.

아스트롤라베는 널리 보급돼 17세기 이후에는 항해술에도 이용됐다우.

또 수학과 천문학 계통의 번역자로 알려진 사비트 이븐 쿠라는

아, 난 왜 이렇게 다양한 방면에 관심이 많을까 몰라.

사비트 이븐 쿠라 (836~901)

천문학 연구에도 손을 댔다.

이건 뭔가 틀린 것 같아. 차라리 내가 연구해서 써 보는 게 낫겠어.

아, 난 왜 이렇게 똑똑하고 의협심이 강한지 몰라.

알마게스트

별을 배경으로 달의 운동을 연구하기도 했고

'세차'라는 현상을 연구하기도 했지.

세차는 지구가 자전할 때 그 축이 조금씩 흔들리는 현상이지.

마치 팽이가 돌 때 조금씩 좌우로 흔들리듯이 말이야.

황도

그리고 이 흔들림 때문에 태양이 다니는 길인 황도가 조금씩 떨려 보이는 현상이 나타나는 거지. 아, 난 왜 이렇게 설명도 잘하나 몰라….

알파르가니는 알콰리즈미의 아스트롤라베에 대한 책을 더욱 발전시켰으며

아스트롤라베의 수학 원리에 이론을 더했지요.

알파르가니 (9세기경 활동)

『알마게스트』에 주석을 달아 대중이 더욱 쉽게 이해할 수 있도록 했다.

쉬우니까 좋지요?

응- 더 재미 있어졌어-

9세기의 가장 뛰어난 학자로는 알바타니를 꼽을 수가 있다.

알바타니
(858?~929)

그는 점성 신학을 믿는 종교인이었다.

별하고 심정적으로 더 가까웠다고 하는 게 맞겠지?

그는 여러 가지 천문 기구를 고쳐 가며

에헴, 정확한 관측을 하려면 기구가 정확해야 하거든….

아쉬운 대로 천구의 같은 걸 만들었지.

정확한 관측을 해서 유명하다.

왜냐하면 이론은 완벽하지 못하다는 걸 알기 때문이지.

정확한 관측을 해야지만 틀린 이론에 제대로 반박할 수가 있거든.

또 그는 삼각함수의 근대적 개념과 기호를 발전시켜

와~ 이거 쓸모 있겠는데?

에헴. 이것도 쓰려면 조금 손을 봐야 되겠지만.

구면삼각형의 원리를 천문학에 이용함으로써

둥근 천구면에 있는 별의 위치를 평면으로 옮길 때라든지….

기하학을 실용화하기도 했다.

측량이나 대수, 물리학의 연구를 돕는 데도 유용히던데?

자네도 한번 써 봐, 응?

한편 이븐 알하이삼은 프톨레마이오스의 주전원에 대해 처음으로 반박하고 나섰는데

주전원은 행성운동의 본질을 무시한 이론이라고!

이븐 알하이삼
(965?~1039)

그의 비판은 정확했으나

게다가 달에 대한 이론도 말이 안 되고…

프톨레마이오스는 천체의 움직임을 규칙적인 원운동으로 본 것부터 틀렸다니까.

실제로 프톨레마이오스의 이론이 무시된 것은 17세기나 되어서였다.

그것도 우리 이슬람 인이 아니라 유럽 인들에 의해서였지. 진작 내 말만 들었어도….

그리고 행성의 움직임에만 관심을 두던 이슬람 천문학에 새로운 시각이 등장한다.

왜! 별에 대해서는 관심을 두지 않는 거야! 정말 별꼴이 반쪽이야!

알수피
(903~986)

알수피는 프톨레마이오스의 성좌표를 바로잡았고

내가 관측한 것들을 추가하고

별은 위치뿐 아니라 크기, 색깔까지 기록했지.

별은 위치만 중요한 게 아니라고

각각의 별에 대한 두 개의 그림을 제시했다.

천구의 안쪽에서 본 모양과

천구의 바깥쪽에서 본 모양이지. 모든 것은 여러 측면으로 봐야 하는 거야.

그래야 별꼴의 반쪽을 마저 볼 수 있는 거거든.

그는 또 관측 기구들을 만들었는데

관측 기구 만들기랑 아스트롤라베에 대한 책을 쓰는 건 이 시대 천문학자들한텐 기본적인 일이었다고.

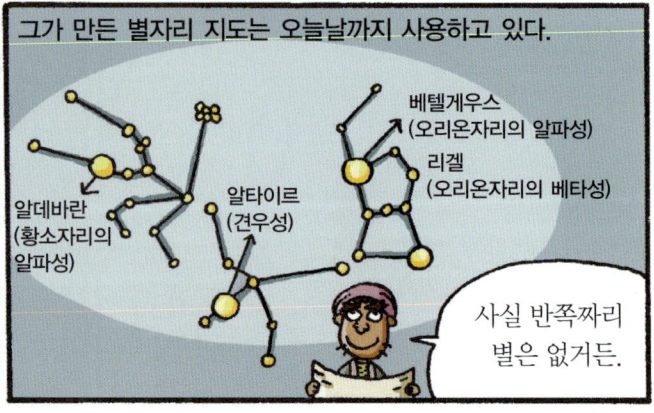

그가 만든 별자리 지도는 오늘날까지 사용하고 있다.

베텔게우스
(오리온자리의 알파성)

리겔
(오리온자리의 베타성)

알데바란
(황소자리의 알파성)

알타이르
(견우성)

사실 반쪽짜리 별은 없거든.

알비루니는 백과전서 작가로서 비판 정신과 관용을
겸비한 사람으로

알비루니
(973~1048)

어떤 명함을
보여 드려야 할지…,
잠깐만 기다리세요.

여행자

철학자

수학자

천문학자

지리학자

그의 기질을 보여 주는 다음과 같은 일화가 있다.

저는 독실한 이슬람교
신자였거든요.
그래서 기도를 열심히
하려고 기도 시간을
정하는 도구를 만들었죠.

그런데
보수적인
종교인들이
절 고발한
거예요, 글쎄.

알비루니는 감히 비잔틴
이교도의 월력을 사용한
도구를 만들었다.

그는
이단자요!

어머나

제가 어떻게
했겠어요?
같이 큰 소리 내고
싸울 수도
없는
노릇이잖아요.

그냥
조용히
한마디만
했죠,
뭐.

비잔틴 사람들도 음식을
먹잖아요. 그럼 당신들은
그것도 흉내 내지 말아야겠네요.

무엇이!
먹지
말라고?

큰일이다

그는 『마스우드 보전』이란
책을 써서 우주 속
월하계의 4원소의
배치를 설명했으나

불

공기

물

지구
(흙)

물

공기

불

무거운 것이
밑으로 가는 건
그리스 학자들의
생각과
비슷하지요.

한편으로는 지동설도 생각했던 듯하다.

이 이론도 괜찮아
보이긴 한데
확신이 안 서네요.

알비루니는 또 지구의 고도★를 측정하기 위해 일식을 사용하거나

알고 있는 모든 지식을 쓸모 있게 써먹는 거죠.

지리학에 천문 관측 기구를 쓰기도 하고

자오선으로부터 거리를 알기 위해 천문 관측 등을 이용하기도 했다.

지구의 둘레를 잴 때 아스트롤라베를 쓰기도 했죠. 자세한 건 이슬람의 지리학 편을 보세요.

★ 고도─평균 해수면이나 지평선 따위를 0으로 하여 측정한 대상의 높이.

그리고 10세기의 마지막 천문학자로는 이븐 유누스가 있다.

이븐 유누스
(?~1009)

그는 커다란 천문 관측 기구를 사용해 관측한 자료를 바탕으로

지름 1.4m로 거의 어린아이 키만 한 아스트롤라베에다가

사람이 말 타고 지나갈 만큼 큰 천구의를 썼거든. 재밌었겠지?

'알하킴의 천문표'를 만들었다.

난 통이 크기로 유명하지. 천문표도 전에 없이 컸거든.

개중 크다는 '알바타니의 천문표' 보다도 컸고, 다른 작은 천문표의 두 배나 됐으니까.

왜냐? 모든 천문 현상에 친절하고 수학적인 설명을 다 붙였거든.

그의 천문표에는 또 만 개 이상의 태양의 위치가 실려 있다.

기도 시간을 정하기 위해서였지. 예언자 마호메트는 태양을 보고 기도 시간을 정하라고 했거든.

첫 번째 기도는 일몰과 한밤중 사이에 해야 한다, 뭐 이렇게 말이지.

그러나 기도하기보다 시간 정하기가 더 까다로웠다고. 그래서 내가 통 크게 해결하기로 한 거지.

태양의 한 해 운동을 정확히 계산해서 매일 매 시간마다 네 번 이상 태양의 위치를 표시한 거야.

8월 24일 1시 45분의 태양의 위치, 뭐 이렇게 말이지.

이븐 유누스의 천문표는 특히 정밀했기 때문에 19세기까지 사용했다고 한다.

통 크게 살자고!

자유로운 사상의 소유자인 수학자 우마르 하이얌은

우마르 하이얌
(1040?~1123)

신앙심이 없다고 오해도 많이 받았지요. 이 시기쯤 되면 이슬람의 장점인 관용도 줄어드나 봐요.

수군 수군

이스파한 천문대의 대장으로서

수학과 천문학은 떨어질 수 없는 관계였고 그래서 천문대엔 수학자들이 많았지.

말리크샤 천문표를 완성했다.

그러나 지금은 남은 것이 거의 없더군요.

별의 위치에 대한 지도와 가장 밝은 100개의 별에 대한 자료만이 남았대요.

나시르 알딘 알투시는 천문학 이론서를 썼는데

나시르 알딘 알투시
(1201~1274)

천문학
메모

『알마게스트』를 요약하고

너무 양이
많아!
좀 줄이고….

여러 학자들의 비판이나 한계를 덧붙였다.

이븐
알하이삼도…,
이것도
붙이자.

보자…,
사비트 이븐 쿠라도
프톨레마이오스를
비판했군.
이것도 집어넣고

프톨레마이오스는
이심원을 채택해 우주
중심에서 비껴 나갔지요.

그러나 나는 한 개의
구가 다른 구의 안쪽에서
회전하는 방식으로
운동을 풀이하려 했지요.

그는 지구를 우주의 중심에 놓고
'알투시의 대원(大圓)'이라는 모델을 통해
천체의 움직임을 풀고자 했다.

알투시의 대원(大圓)은 행성의 겉보기 운동을
설명하기 위한 것이었는데, 결국은 완성하지 못했고

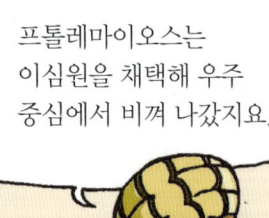

원이 너무
많은데….
몇 개 빼 볼까?

프톨레마이오스의 한계를 증명하는 데는
성공했지만 뚜렷한 대안을 내놓지 못했다.

하여튼
맘에
안 들어.

당신의
개량안도 너무
복잡해!

에스파냐 출신의 이븐 루슈드는
능력 있는 의사이자

이븐 루슈드
(1126~1198)

종교 지도자로서 법을 존중하는
매우 논리적인 사람이었다.

극단적인
교의(敎義) 속에서도
중용을 지키고
지성을 지켰지.

그는 자연과학자로서도 자질을 발휘했는데

특히
아리스토
텔레스가
입맛에
꼭 맞았
다고.

뭐, 난 그리스 어를
모르니까 이슬람 어로
번역한 걸 읽었지만
그래도 누구보다
아리스토텔레스를
잘 이해했지.

아리스토텔레스의 저술을 읽고
세 권의 설명서를 썼다.

세 가지가 있으니까
수준대로 골라서
보라고.
어허, 너무 욕심
부리지 말고.

초보자   중간   어려운
책

그가 쓴 설명서는 아리스토텔레스의 책을 토대로 하여
새로운 책을 썼다는 표현이 더 적합하며

아리스토텔레스의
형상에 관한 이론을
더 발전시켰지.
사람은 사물을
추상화함으로써
생각할 수 있고…

인간은 이렇게
추상화된 형태를
수용하는 거라고.

또…
이븐 시나의
주석 가운데
잘못을
바로잡기도
하고.

중세 유럽에 많은 영향을 미쳤다.

중세에 내 라틴 이름
아베로에스를 들먹인다는
건 이성과 철학을 신앙과
계시보다 중시했다는 뜻이라고.

중세의 로저 베이컨
같은 사람은
나를 따르다
감옥까지 갔지.

195

이븐 루슈드의 천문학 이론은 매우 독특한 것으로서

난 행성 운동은 세 종류가 있다고 생각했지.

그냥 눈에 보이는 것.

오랜 시간이 지나야 관찰할 수 있는 것.

마지막으로 이론적인 추리로나 알 수 있는 시간대에 있는 것.

경험할 수 없는 영역에서의 천문학을 연구하고자 했다.

나는 세 번째 것에 주목해 보기로 했지.

그는 프톨레마이오스의 주전원 이론을 거부하고

모든 천체들은 규칙적인 운동을 해야 하거든.

물리학이 그것을 바라기 때문이지.

동심원 이론을 받아들였다.

동심원은 아리스토텔레스 시대에는 55개나 사용되었는데

이 시대의 천문학자들은 그 개수를 50개까지 줄여 놓았지요.

그러나 나는 47개의 동심원만으로 천체의 모든 운동들을 설명할 수 있었지.

결국 그는 아리스토텔레스를 존중했으나 의존하지는 않았던 셈이다.

이거 아리스토텔레스에 좀 어긋난 것도 있지 않나?

물론이지! 나는 권위에 기대지 않는다, 많은 의견 중 훌륭한 걸 받아들일 뿐.

또 한 명의 아리스토텔레스주의자였던 알비트루지 역시

프톨레마이오스? 그 사람 이론은 수학적인 구상일 뿐이랍니다.

알비트루지
(1190년경 활동)

프톨레마이오스의 이론을 반박했는데

왜냐고요? 아리스토텔레스의 물리학과 모순되기 때문이지요.

물리학과 모순되는 것이 어떻게 실제적인 것이겠어요?

여러 천체 현상들을 설명하기 위해 균일 동심원 이론을 적용했으며

세차운동 등도 다 동심원으로 풀어 보는 거지요.

때로는 다소 이상한 결론을 내렸다.

설명이 안 되네. 아! 이 별은 혹시 나선형 운동을 하는 게 아닐까요?

그러나 그의 이론은 아리스토텔레스 지지자들에게 환영받았으며

아리스토텔레스를 위해서라면 프톨레마이오스야 조금 찌그러져도….

중세 유럽 사상가들에게 자주 인용되었다.

알페트라기우스 가라사대

유럽에서의 내 라틴 어 이름은 알페트라기우스 랍니다.

그리고 이슬람 천문학을 마지막으로 부흥시켰던 두 명의 학자가 등장한다.

이름 : 무하마드 타라가이
직업 : 마와라안나르의 왕
별명 : 울루그 베그

무하마드 타라가이
(1393~1449)

이름 : 알카시
직업 : 울루그 베그 천문대의 대장, 수학자

알카시
(14세기경 활동)

울루그 베그는 '위대한 왕자'라는 뜻으로

우리 임금님 못 봤어요?

아니!

그는 정치보다 과학에 관심이 많아

나는 정치는 체질에 안 맞느니라.

정말 숨는 데는 위대하시다니까. 또 어디서 찾나? 나라는 안 돌보시고.

세계에서 가장 큰 천문대를 지었는데 높이가 3층이나 되었다.

바위를 파서 만든 반지름 40m의 훌륭한 육분의★가 있는 천문대였느니라.

에휴~. 날마다 이 계단을 오르내릴 생각을 하니 벌써부터 다리가 아프네요.

왜 이렇게 크게 지었냐고? 난 부자니까… 가 아니라

크기가 정확하면 오차도 많이 줄어들기 때문이니라.

이 육분의만 해도 1°의 최대 너비가 70cm가 넘으니 어지간해서는 틀릴 수가 없느니라.

←70cm→

에휴~. 이렇게 큰 육분의로 관측하려면 목도 상당히 아프겠는걸요.

★ 육분의(六分儀)-두 점 사이의 각도를 정밀하게 재는 광학 기계.

울루그 베그의 천문대는 관측 결과를 토대로 천문표를 만들었는데

꾀 피우면 내가 다 아느니라. 거기 조는 녀석 깨우거라.

관찰 관찰

에고에고, 임금님이 뛰어난 과학자니 놀지도 못하고….

궁시렁

이 천문표의 수학표는 매우 뛰어났으나

당연하지! 원주율을 소수점 아래 16자리까지 계산한 알카시가 만들었는데….

행성 운동에 대해서는 평범했다.

어떤 건 알수피의 천문표를 베끼기도 하고 그랬대요.

그러나 알카시와 울루그 베그 이후로 이슬람 천문학의 맥은 끊겼으며 다시는 살아나지 못했다.

알카시 대장도 5년 만에 죽어 버리고….

왕은 암살당하고. 옛날에 졸면서 관측할 때가 좋았는데….

한편 점성술은 천문학과 큰 구분 없이 연구했다.

점성술사가 없으면 궁궐의 체면을 손상시킨다고 생각할 정도였지요.

천문학자들은 왕이 원하면 자기가 점성술을 믿지 않더라도 그 역할을 해내야 했고

나도 그랬 거든요.

또 개중에는 진짜로 점성술을 믿었고, 점성술사로서 연구했던 사람도 있었지요.

이븐 유누스 같은 사람은 자신의 천문표에 점성술도 포함시켰다.

내가 점을 잘 친다고 임금님께서 얼마나 예뻐하는데….

실제로 내가 죽을 날도 맞혀서 명성이 자자했다고.

또한 철학자나 과학자들은 생계를 위해 점성술을 병행하기도 했다.

이 시대엔 대학 같은 곳이 없어서 학자가 먹고 살려면 점성술을 하든지

의사가 되든지 해야 했다고.

게다가 점성술은 미신이 아니라 천체 관측의 응용과학이라고 생각했거든.

우리는 주의 깊게 천체의 운행을 관측한 다음 이걸 연구해서 예언을 하는 거야.

특히 왕이나 부유한 후원자들의 운명을 말이지.

우리가 학문을 계속하기 위해선 왕이나 부자들의 도움이 꼭 필요했기 때문에 그들의 운명은 우리에게도 중요했지.

이슬람 점성술의 대표적인 사람은 아부 마샤르로서

아부 마샤르
(?~886)

고대 도시 발크에서 태어나 바그다드에서 활동했다.

발크는 헬레니즘 문명권의 도시로 중국인, 인도인, 그리스 인, 스키타이 인★, 시리아 인, 이란 인들이 섞여 살았던 다인종 도시였죠.

종교도 다양해서 전 어려서부터 여러 학문을 두루 접했죠.

★ 스키타이 인─기원전 6세기~기원전 3세기까지 흑해 동북 지방의 초원 지대에서 활동한 최초의 기마 유목 민족.

그는 세계가 아홉 개의 천계로 구성되었다고 생각했고

신의 광명이 충만한 ←
아홉 번째 천계

우리가 사는
월하 천계

사실…
아리스토텔레스의
개념이 맘에 들어서
좀 따오기도 했지.

모든 지식은 신이 보낸다고 생각했다.

그래서 과학자는
신의 세계를 해석하는
중계자인 거라고.

저 별들,
저 신의
계시들을
좀 보게나.

식당

꼬르륵

월하 천계, 에테르 천계, 신의 천계….
이 세 개의 천계는
서로 영향을 주면서 반응하는데

그것이 바로
점성술을 진정한
과학으로 만드는 거지!

그는 살아 있는 동안이나 죽은 뒤에도 명성이 자자했고

내가 돈을 많이 버는 것도 신이 이미 계산한 거거든.

이슬람 인들은 그를 별의 반응에 대한 스승으로 기억한다.

한편 이슬람 인들은 고대 오리엔트에서 전해 받은 황도 12궁을 점성술에 이용하기도 했다.

물, 북쪽
차갑고 축축함.

불, 동쪽
뜨겁고 건조함.

공기, 서쪽
뜨겁고 축축함.

흙, 남쪽
차갑고 건조함.

이 경우엔 그리스의 4원소, 4성질, 4계절, 4방향이 성격과 특성으로 별자리들에 나눠졌죠.

흠…, 난 사수자리니까 불의 성질을 가졌군.

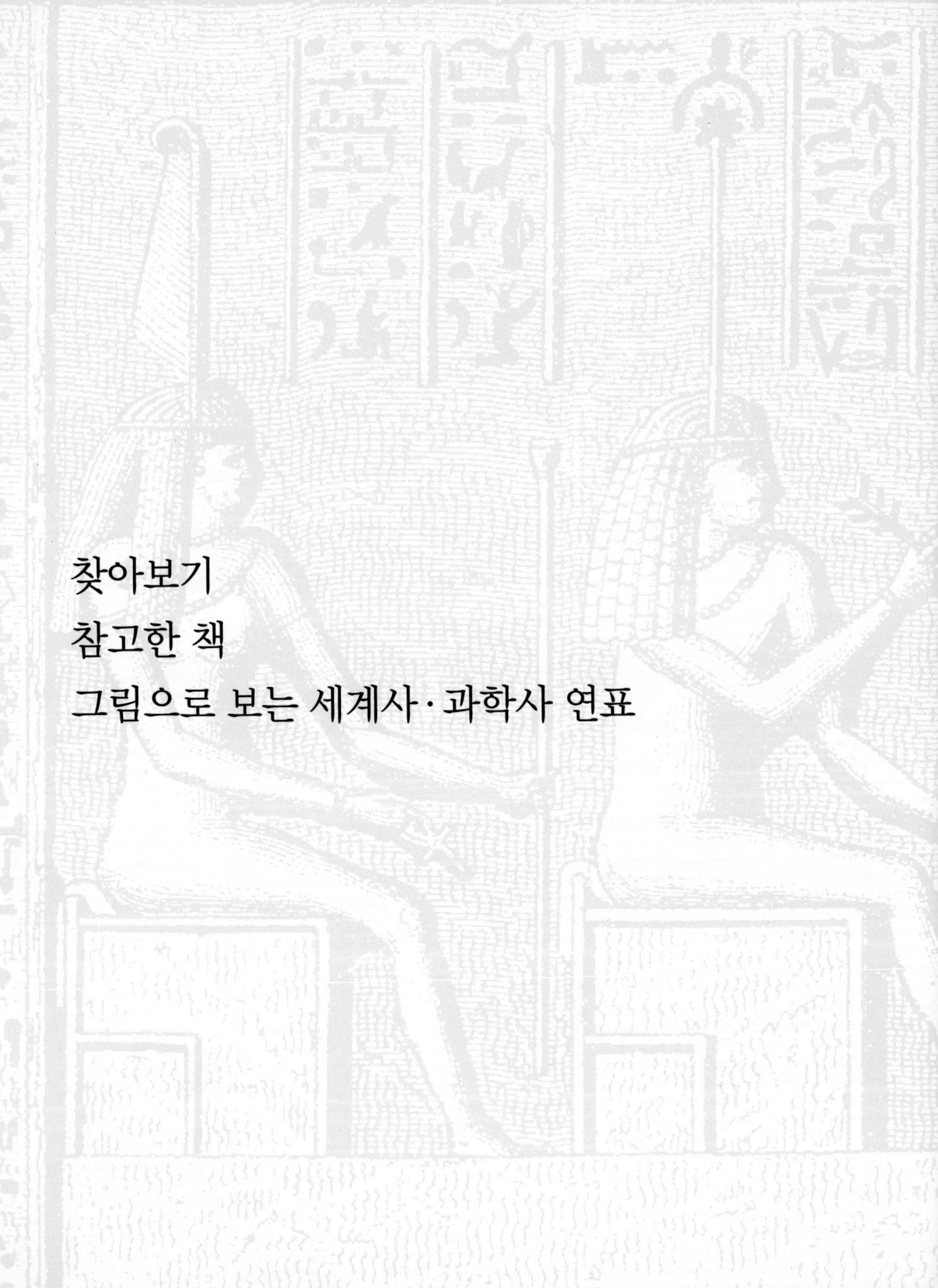

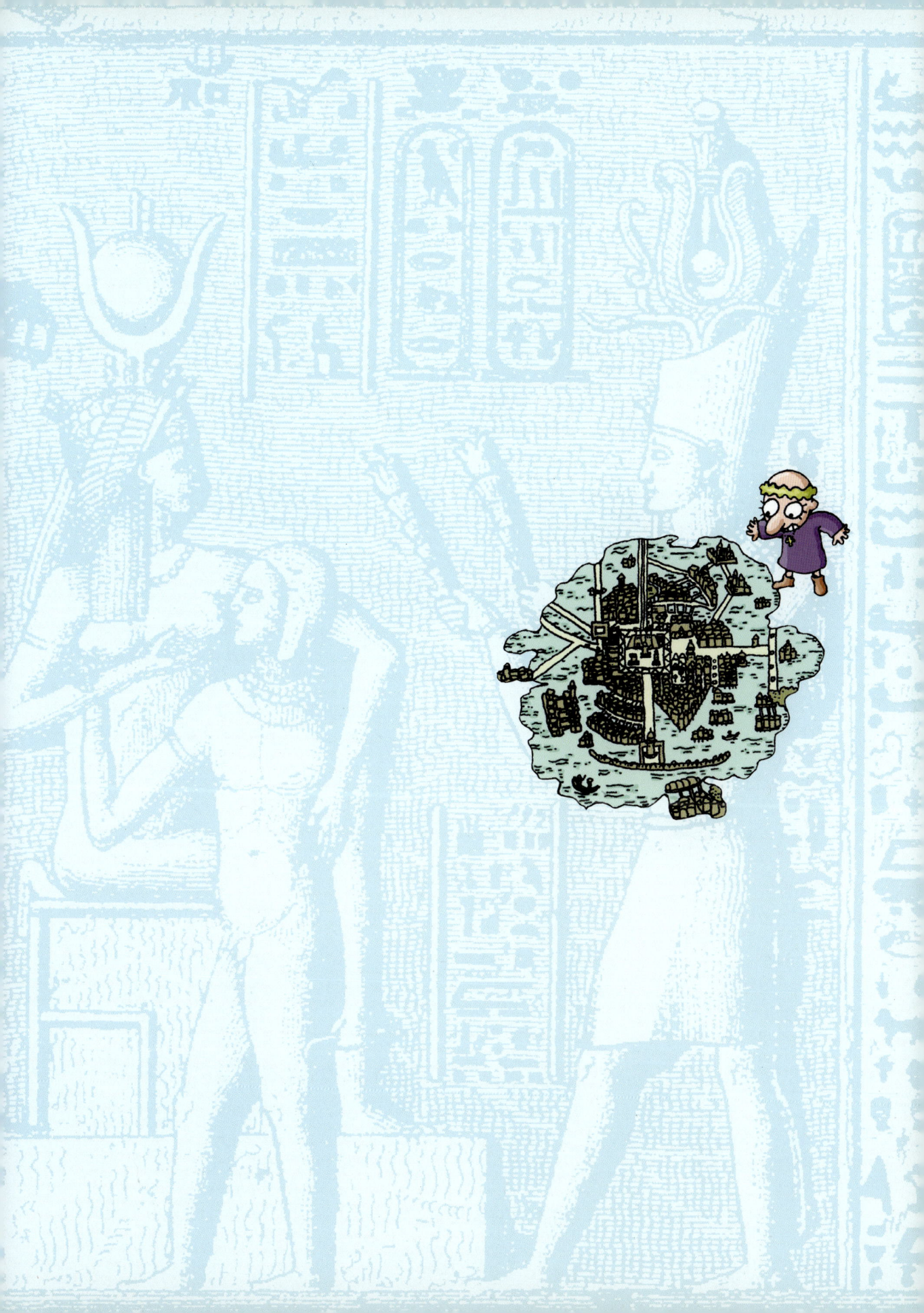

지금부터 이 책의 작가들이 도움받은 책을 소개하겠습니다.

그냥 늘어놓자니 정신이 없어서 몇 가지로 나눠 분류해 봤습니다.

더 많은 정보를 얻고 싶으면 찾아보세요. 우선은 과학사를 다룬 책들입니다.

세계과학문명사 1, 2

콜린 A. 로넌 지음
김동광 · 권복규 옮김 / 한길사

자료로 쓴 과학문명사 책 중에선 분류와 흐름이 가장 좋았습니다.

과학의 역사 1, 2, 3

J.D 버날 지음
김상민 옮김 / 한울 출판사

조금 어렵지만 성실하게 과학의 역사를 다룬 책입니다.

과학의 역사 1, 2

스티븐 에프 메이슨 지음
박성래 옮김 / 까치글방

이 책도 조금 어렵습니다. 하지만 다른 책들과 비교하면서 보기에 좋았지요.

청소년이 꼭 알아야 할 과학문명의 역사 1, 2

히라타 유타카 지음
이면우 옮김 / 서해문집

그림 자료가 많아서 좋고 내용도 매우 잘 정리된 책입니다.

인류의 진보와 지식의 역사 1, 2

찰스 반 도렌 지음
홍미경 옮김 / 고려문화사

과학의 역사라기보다는 좀 더 광범위한 내용이긴 하지만 사람들의 생각의 발전을 뒤쫓을 수 있답니다.

사람이 알아야 할 모든 것 – 과학

존 그리빈 지음
강윤재 · 김옥진 옮김 / 들녘

중세 이후의 과학사에 대해 꼼꼼하고 재미있게 다룬 책입니다.

과학의 역사

허버트 버터필드 지음
이정석 옮김 / 다문

몇 가지 논문 위주로 되어 있는데 관점이 독특했습니다.

쉽고 재미있는 과학의 역사

에릭 뉴트 지음
이민웅 옮김 / 끌리오

정말 쉽게 과학사를 풀어낸 책이죠. 그 대신 간단하기도 합니다!

재미있는 과학 이야기

박성래 지음 / 서해문집

이 책도 쉬워서 중학생들이 읽어도 좋을 듯하네요.

과학문명사

권석봉 · 고경신 · 이종권 지음
중앙대학교 출판부

대학 교재이니만큼 사전 공부가 필요한 책입니다.

이 외에도 여러 책에서 참고를 했으니 다른 책들도 더 찾아보세요.

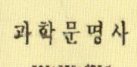

209

과학의 발전 속도는 인류의
역사와 발맞춰 나아갑니다.
그런 만큼 이 책에서는
역사가 중요했지요.

그래서 두 번째 분류는
역사책들입니다.
재미있는 책이 많죠.

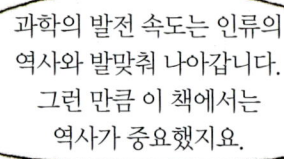
잉카-태양신의 후예들
시공 디스커버리 총서

작고 얇아서 금방 읽는답니다.
재미있어요!

아스텍 제국 그 영광과 몰락
시공 디스커버리 총서

잉카와 아스텍을 같이 읽어 보세요.

역사와 신화의 재발굴
C.W. 쎄람 지음
안경숙 옮김 / 대원사

주로 고고학적 발굴 이야기로
잊혀진 문명들을 찾아내는
과정을 흥미진진하게 담았죠.

서양문명의 역사 1~4
E.M 번즈 외 지음
손세호 옮김 / 소나무

유럽 중심의 역사서예요.
방대한 유럽 역사를
깔끔하게 정리한 책이죠.

세상에서 가장 재미있는 세계사
래리 고닉 지음
이희재 옮김 / 궁리

정말 재미있는 만화책!
역사에 얽힌 내용도 알차답니다!

그림으로 보는 중국의 과학과 문명
로버트 템플 지음
과학세대 옮김 / 까치

주로 고대 중국의 일상생활 속에서
발견할 수 있는 과학들을 설명해 놨어요.
신기한 것들이 많답니다.

이슬람
이희수 외 지음
청아출판사

이슬람의 역사보다는
현재의 이슬람에 대한 정보가
더 많은 책이에요.

케임브리지 이슬람사
프랜시스 로빈슨 외 지음
손주영 옮김 / 시공사

두툼한 정통 역사책인데
컬러 사진과 그림이
많아서 좋아요.

중국의 과학과 문명: 수학, 하늘과 땅의 과학, 물리학
조셉 니덤 지음
이면우 옮김 / 까치

어려운 내용이 많아서
조금 전문적인 공부를 하고 나서
봐야 할 거 같아요.

이슬람 1400년
버나드 루이스 편
김호동 옮김 / 까치

이슬람 문명의 역사를
정리해 놨어요.
살짝 어렵답니다.

만화-중국 과학 이야기
타오룽·가오단 지음
도희진 옮김 / 사이언스 북스

예쁜 중국화 기법으로
중국 고대 과학을
쉽게 설명했어요.

세 번째 분류는 개별적인 정보를 얻기 위해 참고한 책들입니다.

페이퍼 로드

진순신 지음
조형균 옮김 / 예담

동서 교역의 중요한 계기였던 종이에 대한 내용이죠. 재미있어요.

거의 모든 것의 역사

빌 브라이슨 지음
이덕환 옮김 / 까치

다양한 과학의 이모저모. 만화경 같은 과학의 모습을 보세요.

신화 속으로 떠나는 언어여행

아이작 아시모프 지음
김대웅 옮김 / 웅진

서양 언어와 학문에서 신화가 어떻게 활용되고 있는지 알려 준답니다.

먹거리의 역사

마귈론 투생 사마 지음
이덕환 옮김 / 까치

먹을거리 덕분에 때론 역사가 바뀌기도 한답니다. 놀라운 사실이죠?

피타고라스의 바지

마거릿 버트하임 지음
최애리 옮김 / 사이언스 북스

과학사에서 소외되었던 여성학자들에 대한 얘기예요.

하늘의 과학사

나카야마 시게루 지음
김향 옮김 / 가람기획

짧게 쓴 천문학의 역사예요.

재미있는 인류 과학이야기
화학편

A. 서트클리프 지음
황국산 옮김 / 예문당

화학 분야에서의 단편적인 지식들을 모아 놓은 책입니다.

참! 만화다 보니 그림 참고한 책들도 많아서 소개하지 않을 수가 없군요.

비주얼 박물관 60권
웅진출판사
오래된 소품이나 의상들을 사진과 그림으로 편집한 책으로 참고가 많이 되었습니다. 아이들이 보기에도 재미있어요!

거인의 어깨 20권
아이세움
이 시리즈 역시 자세한 사진과 그림으로 도움을 많이 받았지요.

디키 해외 여행 시리즈
가자, 세계로 독일편, 영국편…
사진들은 좀 작지만 오래된 건축물을 그릴 때 주로 참고했지요.

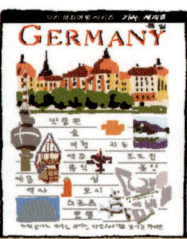

서양 건축 이야기
빌 리제베로 지음
오덕성 옮김 / 한길아트
그림 위주라기보다 이론책이지만 책 안의 건물 그림이 훌륭합니다. 더 많은 그림이 없는 것이 아쉬워요.

A PICTORIAL HISTORY OF COSTUME
서양 의복을 그릴 때 주로 참고한 책입니다. 이 책은 입체적인 그림이 좋지요.

RACINETS FULL-COLOR PICTORIAL HISTORY OF WESTERN COSTUME
이 책도 훌륭하지요. 950년부터 1800년대까지의 명화에 나와 있는 복식을 모은 책.

또 헤아릴 수 없이 많은 웹사이트에서도 그림과 내용을 참고했습니다만 일일이 기억하기 힘들어 문턱이 닳도록 다닌 몇 군데만 간단히 소개합니다.

대한민국 국회 도서관 http://www.nanet.go.kr
과학문화 포털 사이언스 올 http://www.scienceall.com
과학동아 http://www.dongascience.com
수학사랑 http://www.mathlove.co.kr
창의세상 http://www.creative.re.kr
코르비스 이미지 http://www.corbisimages.com/
프레스 포토 http://www.pressphoto.co.kr

그림으로 보는 세계사 · 과학사 연표

BC 2500만 년경
인류가 처음으로
등장하다

BC 7000년경
촌락 생활을
시작하다

세계사

과학사

BC 40만 년경
불을 사용하고
털가죽 옷을 입다

BC 3만 년경
낚싯바늘, 활,
창 등 정교한
도구를 사용하다

BC 1만 5000년경
농경을
시작하다

BC 7000년경
가축을 기르고
토기를 사용하다

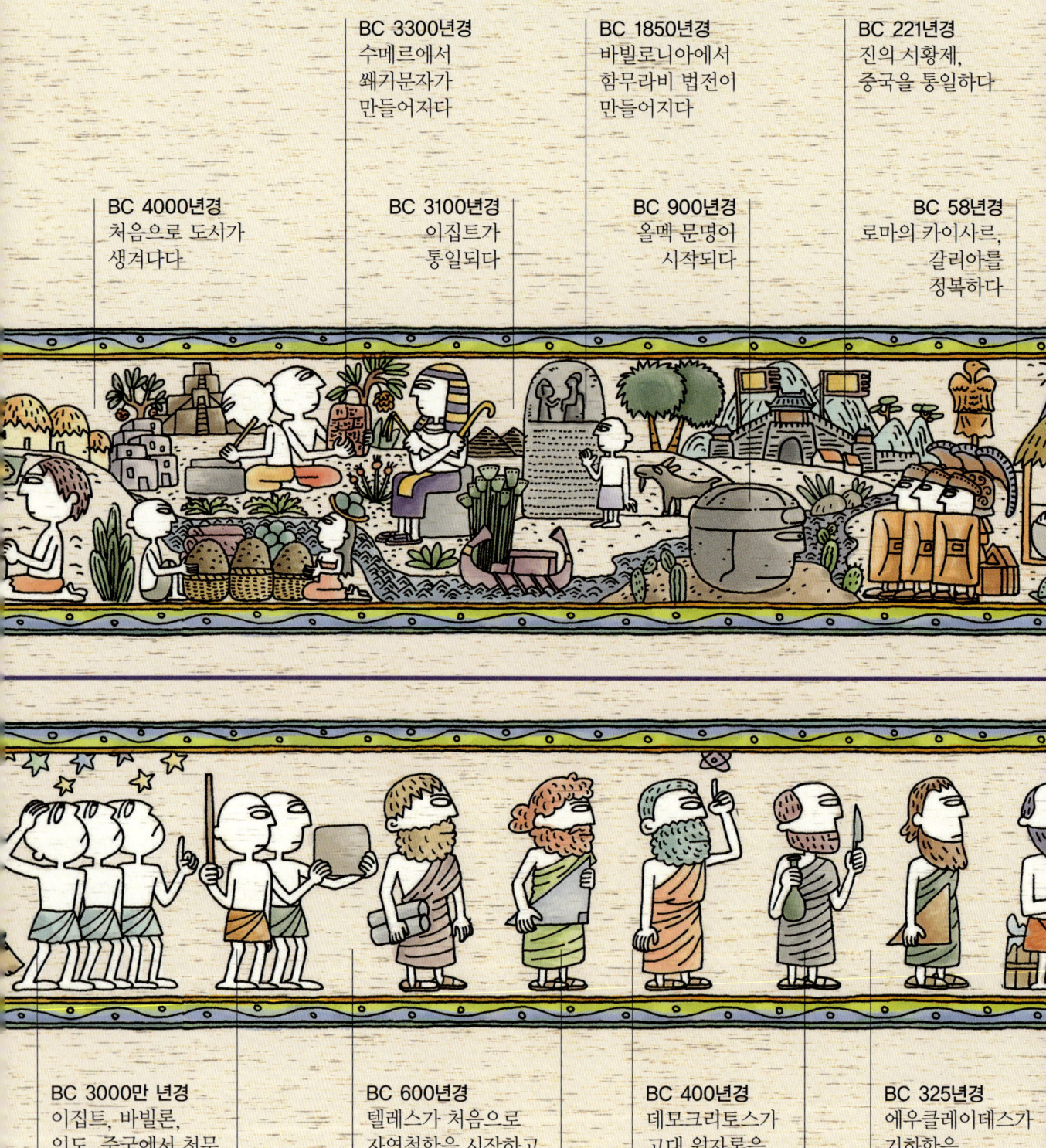

BC 3300년경
수메르에서
쐐기문자가
만들어지다

BC 1850년경
바빌로니아에서
함무라비 법전이
만들어지다

BC 221년경
진의 시황제,
중국을 통일하다

BC 4000년경
처음으로 도시가
생겨나다

BC 3100년경
이집트가
통일되다

BC 900년경
올멕 문명이
시작되다

BC 58년경
로마의 카이사르,
갈리아를
정복하다

BC 3000만 년경
이집트, 바빌론,
인도, 중국에서 천문
관측을 시작하다

BC 600년경
텔레스가 처음으로
자연철학을 시작하고,
일식을 예측하다

BC 400년경
데모크리토스가
고대 원자론을
시작하다

BC 325년경
에우클레이데스가
기하학을
집대성하다

BC 2000년경
메소포타미아에서
산수와 시간, 길이
단위를 사용하다

BC 540년경
피타고라스,
피타고라스의 정리를
발견하다

BC 400년경
히포크라테스가
의술을 세우다

1년
예루살렘에서
예수 그리스도
탄생하다

395년
로마제국이
동서로 나뉘다

1206년
몽고의 칭기즈칸,
원나라를 세우다

220년
중국, 위·촉·오
삼국으로 나뉘다

1204년
십자군,
콘스탄티노플을
침략하다

1368년
중국의 원나라 멸망,
명나라가 세워지다

105년
중국의 채륜,
종이를 발명하다

220년경
중국에서 나침반의
원리를 발견하다

1234년
고려에서 세계 최초로
금속활자를 사용하다

1306년
몬디노 데 루치,
사체를 해부하나

BC 220년경
아르키메데스가
부력의 원리를
발견하다

120년경
프톨레마이오스,
『알마게스트』를
완성하다

595년
인도에서
'0'을 발견하다

1300년경
기계시계가
발명되다

1492년
콜럼버스, 아메리카 대륙을 발견하다

1519년
마갈랴잉시가 세계일주를 시작하다

1517년
독일의 루터, 종교개혁을 일으키다

1588년
영국, 에스파냐의 무적함대를 격파하다

1541년
3차방정식의 일반 해법을 발견하다

1543년
베살리우스, 『인체의 구조에 대하여』가 나오다

1590년
네덜란드의 얀센, 현미경을 발명하다

1450년
구텐베르크가 활판 인쇄술을 알리다

1543년
코페르니쿠스가 저동설을 주장하다

1582년
교황 그레고리우스 13세, 그레고리력(태양력)을 제정하다

1600년
길버트, 『자석에 대하여』를 쓰다

1613년
러시아, 로마노프
왕조가 세워지다

1616년
중국, 누르하치가
청을 세우다

1620년
영국의 청교도들이
아메리카로 이주하다

1640년
영국, 청교도혁명이
일어나다

1675년
영국, 그리니치
천문대를 세우다

1688년
영국,
명예혁명이
일어나다

1609년
케플러의
제1·2법칙이
나오다

1628년
하비, 혈액순환
이론을 발표하다

1632년
갈릴레이,
지동설을
수상하다

1662년
로버트 보일,
보일의 법칙을
발견하다

1665년
로버트 훅,
세포를
발견하다

1673년
레벤후크,
미생물을 발견하다

1676년
로메르,
빛의 속도를
계산하다

1687년
뉴턴, 만유인력의
법칙을 발표하다

1712년
증기기관이
만들어지다

1775년
미국, 독립전쟁이
일어나다

1804년
프랑스,
나폴레옹 1세가
왕위에 오르다

1705년
핼리혜성이
발견되다

1789년
프랑스혁명이
일어나다

1758년
린네, 생물 분류의
체계를 세우다

1791년
갈바니,
동물 전기를
발견하다

1796년
제너, 종두법을
만들다

1752년
프랑클린,
피뢰침을
발명하다

1787년
샤를, 기체 팽창의
법칙을 발견하다

1795년
허튼, 지층의
원리를 알아내다

1803년
돌턴, 원자론을
주장하다

1840년
청나라와 영국이
아편전쟁을
벌이다

1863년
미국, 링컨
노예해방을
선언하다

1823년
미국, 먼로 대통령
먼로주의를
선언하다

1848년
독일, 마르크스와 엥겔스
「공산당 선언」을
발표하다

1833년
패러데이,
전기 분해의
법칙을 발견하다

1865년
멘델,
유전의 법칙을
발견하다

1895년
뢴트겐, X선을
발견하다

1916년
아인슈타인,
상대성이론을
완성하다

1859년
다윈, 『종의 기원』을
발표하다

1885년
파스퇴르,
광견병 백신을
발명하다

1898년
퀴리 부부,
라듐을 발견하다

1914년
제1차 세계대전이
일어나다

1919년
베르사유 조약이
체결되다

1929년
세계 대공황이
시작되다

1939년
제2차 세계대전이
일어나다

1945년
미국이 일본에
원자폭탄 투하,
제2차 세계대전이
끝나다

1992년
소비에트 연방이
해체되다

세계사

과학사

1929년
허블, 우주 팽창을
발견하다

1953년
왓슨과 크릭,
DNA 분자구조를
밝히다

1961년
가가린, 인류 최초로
우주비행을 하다

1969년
아폴로 11호
달 착륙에
성공하다

1978년
최초의
시험관 아기가
탄생하다

1997년
복제양 '돌리'가
탄생하다